高职高专“十三五”规划教材·通信类

智能手机实训教程

主　编　谌梅英　赵　峰

于正永　胡国柱

副主编　居金娟

西安电子科技大学出版社

内 容 简 介

本书主要介绍智能手机的基本知识、工作原理以及测试维修方法，内容既包含了2G、3G、4G手机，也包含了正在发展的5G手机，读者通过学习本书可全方面了解当前通信终端市场不同制式手机的原理和维修技巧。本书以中兴U817手机为载体，对其电路结构、工作原理、性能参数测试及典型故障维修进行了深入浅出的讲解。

本书内容循序渐进，图文并茂，实践性强，既可作为高职院校通信技术、电子信息技术及相关专业的实训教材，也可作为相关工程技术维修人员的参考用书。

图书在版编目(CIP)数据

智能手机实训教程 / 谌梅英等主编. —西安：西安电子科技大学出版社，2019.6

ISBN 978-7-5606-5316-7

Ⅰ. ① 智…　Ⅱ. ① 谌…　Ⅲ. ① 移动电话机—维修—教材　Ⅳ. ① TN929.53

中国版本图书馆CIP数据核字(2019)第087070号

策划编辑　高　樱
责任编辑　宁晓蓉
出版发行　西安电子科技大学出版社(西安市太白南路2号)
电　　话　(029)88242885　88201467　　邮　　编　710071
网　　址　www.xduph.com　　电子邮箱　xdupfxb001@163.com
经　　销　新华书店
印刷单位　陕西天意印务有限责任公司
版　　次　2019年6月第1版　2019年6月第1次印刷
开　　本　787毫米×960毫米　1/16　印张9
字　　数　174千字
印　　数　1～2000册
定　　价　19.00元

ISBN 978-7-5606-5316-7/TN

XDUP 5618001-1

前　言

随着我国智能手机人均拥有量的不断增加，智能手机售后服务行业一直保持高速发展，这一行业对智能手机维修人员的需求也与日俱增，针对这一市场特点，我们结合多年积累的教学实践和维修经验，编写了本书。

本书针对当前高等职业院校的人才培养目标和全面育人的特点，以智能手机检测与维修的工作过程为依据进行编写，以项目为载体，项目的选取符合智能手机维修工程师的工作逻辑，让学生在完成项目的过程中逐步提高职业能力。在内容上，以“必需”和“够用”为度，强调理论与技能的有机结合，加强检测和维修实训环节，将技能训练贯穿于整个教学过程，根据项目的特点和要求，灵活采用“先懂后会”或“先会后懂”的学习逻辑，“学做结合”，做到由浅入深、循序渐进，便于读者理解与操作。

全书共分为四个项目以及13个技能训练。项目一主要讲述智能手机的定义、特点、配置要求、操作系统、CPU及代表机型，并用技能训练1、2、3培养读者对智能手机的认知能力和使用能力，使其学会根据性能参数判断智能手机的优劣。项目二主要讲述了2G、3G、4G手机的工作原理及5G关键技术，为后期故障分析打下理论基础，并以中兴U817手机为载体，安排了技能训练4、5，让读者练习手机的拆装机方法以及MT6517原理图的解读方法，培养读者的手机拆装能力、电路分析与一般故障排除能力。项目三介绍了手机维修工具、仪器仪表的使用方法，安排了技能训练6～11，以培养读者掌握手机维修工具和仪器的使用、贴片元件的焊接、MT芯片组手机关键点电压及波形的测试，使读者借由一部手机的维修，窥见MT芯片组手机的维修判断之法。本项目中还给出了关键点的波形图及电压值，以便于在维修时参考，解决了读者不知道在哪里测试和如何测试波形及电压的问题。项目四介绍了手机典型故障维修方法、维修步骤、典型故障的检修思路及维修技巧，并用技能训练12、13培养读者的手机维修能力，通过维修实例演绎维修判断的思路，给出判断故障的方法。

本书由淮安信息职业技术学院谌梅英、淮安天目通信公司一线维修工程师赵峰、淮安信息职业技术学院计算机与通信工程学院副院长于正永、辽宁机电职业技术学院胡国柱共同担任主编，南通职业大学居金娟担任副主编。其中谌梅英负责项目三的撰写并负责全书的统稿工作，赵峰工程师和胡国柱老师负责项目四的撰写，居金娟负责项目一、二的撰写，于正永老师对本书的架构设计及维修案例编写进行了指导。本书在编写过程中得到了淮安信息职业技术学院计算机与通信工程学院领导和老师的关心与支持，在此对他们表示衷心的感谢。

由于编者水平有限，书中难免会有不妥之处，恳请广大读者批评指正。读者可以通过邮箱 chenmeiy@163.com 直接联系我们。

编者

2019 年 3 月

目　录

项目一 初识智能手机

知识要点：智能手机的定义和特点，主流智能机操作系统，智能手机的应用。

1.1 智能手机的定义、特点及配置要求

当今社会，人们需要不断地与外界进行信息交换，信息交换不仅指双方的通话，还包括数据传输、传真、图像传输等通信业务。随着经济的发展，人们要求无论何时何地都能及时可靠地将信息传递到所想要到达的地方。而移动通信满足了这一要求，它可以不受时间、空间、地域等因素的影响，随时保证用户的通信畅通。目前，移动通信已从模拟通信阶段发展到数字移动通信阶段，并且正朝着个人通信这一更高阶段发展。未来移动通信的目标是能在任何时间、任何地点向任何个人提供快速可靠的通信服务。

初识智能手机

1. 定义

智能手机(Smartphone)是指“像个人电脑一样具有独立的操作系统，可以由用户自行安装软件、游戏等第三方服务商提供的程序，通过此类程序不断对手机的功能进行扩展，并可以通过移动通信网络来实现无线网络接入的一类手机的总称”。简单地说，智能手机就是一部像电脑一样可以通过下载安装软件来拓展基本功能的手机。

2. 基本特点

智能手机与非智能手机相比具有以下特点：

(1) 具备无线接入的能力：支持GSM网络、CDMA网络、3G(WCDMA、CDMA2000、TD-SCDMA)网络、4G(HSPA＋、FDD-LTE、TDD-LTE)网络。

(2) 具有PDA的功能：包括PIM(个人信息管理)、日程记事、任务安排、多媒体应用、浏览网页。

(3) 具有开放性的操作系统：拥有独立的核心处理器(CPU)和内存，可以安装更多的应用程序，使智能手机的功能得到无限扩展。

(4) 人性化：可以根据个人需要，实时扩展机器内置功能，可以进行软件升级，智能识别软件兼容性，实现了与软件市场同步的人性化功能。

（5）功能强大：扩展性能强，支持的第三方软件数量多。

（6）运行速度快：随着半导体业的发展，核心处理器(CPU)发展迅速，使智能手机的运行速度越来越快。

智能手机的不足：新手需要慢慢适应，对于那些对电脑以及手机不是很熟悉的老年朋友来说，如果要想熟练操作一部智能手机，需要花时间好好钻研，毕竟如今的智能手机就好比一台缩小版的电脑。

3. 配置要求

智能手机要满足上述特点，必须具备以下配置要求：

（1）高速度处理芯片。3G、4G手机不仅要支持打电话、发短信，还要处理音频、视频，甚至要支持多并发，这需要一颗功能强大、功耗低、具有多媒体处理能力的芯片。这样的芯片才能避免手机经常死机、发热、系统卡顿。

（2）大存储芯片和存储扩展能力。要实现3G、4G的大量应用功能，就需要大容量的存储芯片。一个完整的GPS导航图往往需要超过1 G的存储空间，而大量的视频、音频和多种应用都需要存储。因此要保证足够的内部存储或扩展存储，才能真正满足3G、4G的应用需求。

（3）面积大、标准化、可触摸的显示屏。只有面积大和标准化的显示屏，才能让用户充分享受3G、4G的应用。智能手机的屏幕分辨率一般不低于320×240像素，而手机的触屏功能对于用户来说是必不可少的。

（4）支持播放式的手机电视。以现在的技术，如果手机电视完全采用电信网的点播模式，则网络很难承受，而且为了保证网络质量，运营商一般对于点播视频的流量都有所控制，因此，广播式的手机电视是手机娱乐的一个重要组成部分。

（5）支持GPS导航。GPS导航不但可以帮助用户找到自己想去的地方，还可以帮助用户找到周围感兴趣的地点。未来的很多服务也会和位置结合起来。

（6）操作系统必须支持新应用的安装。开放性的操作系统便于用户安装和定制自己的应用。

（7）配备大容量电池，最好能支持电池更换。3G、4G无论采用何种低功耗技术，电量的消耗都是一个大问题，必须配备高容量的电池，有的手机电池容量达到6000 mA·h以上。随着4G的普及和5G时代的到来，外接移动电源已成为一个标准配置。

（8）良好的人机交互界面。

如何选购智能手机详见附录A。

1.2　智能手机的操作系统

操作系统是用户在选购智能手机时重点关注的，一个好用的操作系统也是智能手机的一大卖点。目前市场上的主流智能手机操作系统有 Android 和 iOS。

1.2.1　谷歌 Android 系统

1. 什么是 Android 系统

Android 是一种以 Linux 为基础的开放源码操作系统，主要使用于便携设备，目前尚无统一的中文名称，中国大陆地区较多人称其为安卓或安致。Android 操作系统最初由 Andy Rubin 开发，主要支持手机，2005 年由谷歌公司(Google)收购注资，并组建开放手机联盟进行开发改良，后逐渐扩展到平板计算机及其他领域。Android 的主要竞争对手是苹果公司的 iOS。Android 一词最早出现于法国作家利尔·亚当(Auguste Villiers de L'lsle-Adam)1886年发表的科幻小说《未来夏娃》(L'Ève future)中，他将外表像人的机器起名为Android。

1) Android 系统支持厂商

世界上所有手机生产商都可任意采用安卓，并且世界上 80%以上的手机生产商都采用安卓。

因为谷歌已经开放安卓的源代码，所以亚洲许多国家的手机生产商研发推出了基于安卓智能操作系统的第三方智能操作系统，其中来自中国手机生产商的基于安卓智能操作系统的第三方智能操作系统应用最为广泛，如 MIUI、腾讯 tita、百度云 OS、Emotion UI、OMS、阿里云 OS 等。

2) Android 系统内置服务

谷歌移动服务(Google Mobile Service)简称“GMS”，旨在让用户利用移动电话或其他移动设备使用谷歌搜索、谷歌地图、Gmail、YouTube、Android Market 等谷歌服务产品。

谷歌将谷歌移动服务(GMS)内嵌到 Android 手机系统中，并且对 Android 手机生产商给予不同程度的授权。

3) Android 系统命名规则

Android 用甜点作为系统版本代号的命名方法始于 Android 1.5。作为每个版本代表的甜点尺寸越变越大，然后按照 26 个字母排序。在经历了纸杯蛋糕、甜甜圈、松饼、冻酸奶、姜饼、蜂巢、冰激凌三明治、果冻豆、奇巧巧克力、棒棒糖、棉花糖、牛轧糖、奥利奥之后，最新的 Android 9.0 命名为派(Pie)。Android 使用的部分版本及功能如表 1.1～表 1.4 所示。

表 1.1　最早的 Android 1.n 版本及功能

版 本	备　　注
Android 1.1	2008 年 9 月发布的 Android 第一版
Android 1.5 Cupcake(纸杯蛋糕)	2009 年 4 月 30 日发布，主要的更新如下： ① 拍摄/播放影片，并支持上传到 YouTube； ② 支持立体声蓝牙耳机，同时改善自动配对性能； ③ 最新的采用 WebKit 技术的浏览器，支持复制/粘贴和页面中搜索； ④ GPS 性能大大提高； ⑤ 提供屏幕虚拟键盘； ⑥ 主屏幕增加音乐播放器和相框 Widgets； ⑦ 应用程序自动随着手机旋转； ⑧ 短信、Gmail、日历、浏览器的用户接口大幅改进，如 Gmail 可以批量删除邮件； ⑨ 相机启动速度加快，拍摄图片可以直接上传到 Picasa； ⑩ 来电照片显示
Android 1.6 Donut(甜甜圈)	2009 年 9 月 15 日发布，主要的更新如下： ① 重新设计的 Android Market 手势； ② 支持 CDMA 网络； ③ 文字转语音系统(Text-to-Speech)； ④ 快速搜索框； ⑤ 全新的拍照界面； ⑥ 查看应用程序耗电； ⑦ 支持虚拟私人网络(VPN)； ⑧ 支持更高的屏幕分辨率； ⑨ 支持 OpenCore2 媒体引擎； ⑩ 新增面向视觉或听觉困难人群的易用性插件

表 1.2　**Android 5.n 版本及功能**

版 本	备　注
Android 5.0 Lollipop(棒棒糖)	2014 年 10 月 15 日发布，其功能如下： ① 在语音服务 Google Now 中加入了一个名为 OK Google Everywhere 的全新功能； ② 加入了更多的健身功能； ③ 整合碎片化； ④ 支持 64 位处理器； ⑤ 使用 ART 虚拟机

表 1.3　**Android 6.n 版本及功能**

版 本	备　注
Android 6.0 marshmallow(棉花糖)	2015 年 5 月 28 日发布，其功能如下： ① 锁屏下语音搜索； ② 指纹识别； ③ 更完整的应用权限管理； ④ Doze 电量管理； ⑤ Now on Tap 功能； ⑥ App Links

表 1.4　**Android 9.0 版本及功能**

版 本	备　注
Android 9.0 Pie(派)	2018 年 8 月 7 日发布，其功能如下： ① 全面屏的全面支持； ② 通知栏的多种通知； ③ 多摄像头的更多画面； ④ GPS 定位之外的 Wi-Fi 定位； ⑤ 改进了神经网络 API； ⑥ 数字化健康； ⑦ 自适应功能

Android 本身是一个权限分立的操作系统。在这类操作系统中，每个应用都以唯一的一个系统识别身份(Linux 用户 ID 与群组 ID)运行，系统的各部分也分别采用各自独立的识别方式。Linux 就是这样将应用与应用、应用与系统隔离开的。

系统更多的安全功能通过权限机制提供。权限可以限制某个特定进程的特定操作，也可以限制每个 URI 权限对特定数据段的访问。

Android 安全架构的核心设计思想是在默认设置下，所有应用都没有权限对其他应用、系统或用户进行较大影响的操作。这其中包括读写用户隐私数据(联系人或电子邮件)、读写其他应用文件、访问网络或阻止设备待机等。

2. 安卓手机如何获得 root 权限

在使用安卓手机时经常会提到 root 权限，root 是 Android 系统中的超级管理员账户，该账户拥有整个系统中至高无上的权利，系统中的所有对象它都可以操作。只有拥有了这个权限才可以将原版系统刷成其他改版自制系统，修改系统文件，个性化手机等。

但是为了手机的安全性和稳定性，防止用户误操作导致系统崩溃，很多厂商默认是没有开启 root 权限的，这就需要我们来进行获取。那么如何获取 root 权限呢？

工具/原料：需要 root 的手机一部和能联网的电脑一台。

方法/步骤：

(1) 用手机连接电脑，下载一键 root 工具(腾讯手机管家 PC 版)。

(2) 下载成功后，在电脑上打开一键 root 软件，点击“下一步”，正式开始 root。

(3) 在点击“开始 root”前检查 root 条件，提醒用户需要备份文件后，点击“开始 root”。

(4) 约 3 分钟左右，root 就会完成。

(5) root 完成后，就可以随意删除手机中的垃圾应用了。

获得 root 权限后也有一些问题，如会失去保修(刷回原系统可以弥补)，无法使用系统中的官方升级(但可以通过下载刷机包升级)。

1.2.2 苹果 iOS

iOS 是美国苹果公司研发推出的智能操作系统。iOS 采用封闭源代码的形式推出，因此仅为苹果公司独家采用，但 iOS 因为极具个性、极为人性化、极为强大的界面和性能深受用户的喜爱。

苹果 iOS 系统拥有丰富的软件资源和良好的用户体验，多数优质应用需要付费。它以计算机的操作系统 Mac OS X 为基础，这个基于 UNIX 的核心系统增强了系统的稳定性、性能以及响应能力。

iOS 在用户体验、应用质量方面有着很强的优势，而且它更加倾向于娱乐，即使之前没有使用过也很容易上手。使用苹果手机常会听说如下名词：

(1) 越狱：指开放用户的操作权限(常用的软件如爱思助手的一键越狱)。iPhone 的 iOS 与其他手机系统(如 Nokia 的 Symbian、Google 的 Android 等)最大的不同是，其他系统是开放的用户权限，而 iOS 用户权限极低。因此 iOS 的用户只能使用经过苹果公司验证(Apple Store 中购买的)的应用程序。

(2) 解锁：使手机可以使用任何运营商的 SIM 卡。

(3) 激活：通过 iTunes 在网络上开启手机功能。

(4) 固件版本：操作系统版本。

(5) iTunes：同步软件(将 iTunes 资料库内资料传入 iphone)。

(6) App Store：苹果应用商店，其中包括音乐、视频、游戏和软件工具。

1.2.3 其他系统

1. 微软 Windows Phone 系统

Windows Phone 是微软公司研发推出的一款智能操作系统，目前仅用于诺基亚 Lumia 系列手机。

Windows Phone 的优点是操作流畅，界面简洁，深度整合微软服务，与 Windows 和 Xbox 系统有很高的互动性。

Windows Phone 的缺点是支持的软件数量相对其他平台要少。

2. Blackberry OS

BlackBerry OS 是加拿大 Research In Motion 公司为其智能手机产品 BlackBerry(黑莓)开发的专用操作系统。这一操作系统具有多任务处理能力，并支持特定的输入装置，如滚轮、轨迹球、触摸板以及触摸屏等。BlackBerry 平台最著名的莫过于它处理邮件的能力。该平台通过 MIDP1.0 以及 MIDP2.0 的子集，在与 BlackBerry Enterprise Server 连接时，以无线的方式激活并与 Microsoft Exchange、Lotus Domino 或 Novell GroupWise 同步邮件、任务、日程、备忘录和联系人。

黑莓手机外观如图 1-1 所示。

图 1-1　黑莓手机

3. 三星 bada

bada 是三星集团研发推出的一款智能手机操作系统。它的特点是配置灵活、用户交户性佳、面向服务优、非常重视 SNS 整合和基于位置服务应用。三星公司自 2013 年起已终止对 bada 系统的开发。

4. Flyme OS 系统

Flyme OS 是魅族公司基于 Android 4. X 系统深度定制的智能手机操作系统。目前最新版本是 Flyme 6. 0，支持魅族 pro 以及 MX 系列产品。

1.3 智能手机的应用

如今，手机的应用越来越广泛，主要表现在以下方面：以联系和社交为目的的应用软件成为手机中必备的工具；手机的软件服务越来越多，所有的软件和资料都在云端，用户能从云端获取任何想要的信息和服务，以及视频、音乐、图片等；手机是个人信息管理工具；手机的支付功能正改变着人们的生活习惯；手机正逐步取代游戏机，大多游戏机上的游戏都会在手机上出现；位置服务和短距离通信也是手机的基本功能；传感器技术发展使手机成为感知终端。

1.3.1 iOS 智能手机获取应用的途径

1. 使用 iTunes 在电脑端获取 iOS 智能机应用

iTunes 是一款数字媒体播放应用程序，是供 Mac 和 PC 使用的一款免费应用软件，能管理和播放数字音乐和视频。适用于 iPhone 的 iTunes 能够管理 iPod、iPhone 和 iPad 中的软件更新，能够管理媒体内容，如音乐、电影、电视节目和播客。

获取智能机应用的方法如下：

(1) 登录 iTunes：手机连接电脑后打开 iTunes，在右上角输入登录的 Apple ID 和密码。

(2) 对电脑进行授权：在菜单栏的“Store”中选择“对这台电脑授权”，根据提示输入 Apple ID 和密码即可。

(3) 使用 iTunes 下载应用：选择左侧菜单栏“iTunes Store”，在右上角搜索框“搜索store”中输入应用程序的名称，查找到此应用并下载。

(4) 手机和 iTunes 同步：下载完应用程序后，点击 iTunes 左侧菜单栏中的“设备”，点击右侧“应用程序”，勾选需下载的应用程序，然后点击屏幕右下方“同步”按钮，根据提示操作即可。

2. 使用 App Store 在苹果手机端安装、删除应用

(1) 登录 App Store：点击“App Store”进入应用商店，在 App Store 主界面将会看到 TODAY、游戏、APP、搜索、更新五大功能选项卡。用户可以从 App Store 搜索、浏览、评论、购买应用程序以及将应用程序直接下载到 iPhone 上。

(2) 下载应用：点击“应用”，在应用介绍页面右上角选择“免费”(以免费APP为例)，点击“安装应用软件”，输入Apple ID密码，选择“好”，自动返回手机主页面，等待应用下载并安装。

(3) 删除已安装应用：按住主屏幕上的应用程序图标不放，直到图标开始摆动，然后点图标上的“×”即可删除已安装的应用。完成删除后，请按下主屏幕按钮。

1.3.2 安卓系统的智能手机获取应用的途径

(1) 在电脑端，可以使用豌豆荚获取智能机应用。豌豆荚是一款Android手机管理软件，具有备份恢复重要资料、通讯录资料管理、应用程序管理、音乐下载、视频下载与管理等功能。

(2) 在手机端，可以使用安卓市场(安智市场、安智电子等)获取应用。安卓市场是国内最早、最大的安卓软件和游戏(现安卓市场已经整合到百度手机助手)下载平台，提供“手机客户端”、“平板电脑客户端”和“网页端”等多种下载渠道，用户可以自由选择“手机直接下载”、“云推送”、“扫描二维码”和“电脑下载”等多种方式轻松获取安卓软件和游戏。

(3) 在手机端，可以使用SD卡安装应用。安装应用软件前，请先打开“允许安装非电子市场提供的应用软件”。然后将.apk格式的应用安装包复制到手机SD卡(存储卡)，利用机内自带的文件管理器程序读取SD卡内容，并安装相应应用。

在手机端，还可以通过二维码安装应用。首先在手机上安装相应的二维码扫描软件，如我查查、快拍等；然后打开软件对应的二维码拍照，获取应用二维码链接；最后点击链接即可完成下载安装。

1.4 智能手机相关词汇

Wi-Fi——Wi-Fi(也叫WLAN)就是无线上网，是一种可以将个人电脑、手持设备(如PDA、手机)等终端以无线方式互相连接的技术。手机内置无线网卡，如果有无线路由器，则手机就可以连接网络，实现免费上网。

GPS——GPS是Global Positioning System(全球定位系统)的简称，是导航模块，有了它手机就可以定义位置，装上高德地图或百度地图软件后就可以进行导航了。

3D加速——为了有效地减轻CPU的负担以及提供完美的3D特殊效果，增加了直接负责3D图形处理和提供3D特殊效果的能力，也就是所谓的硬件加速能力。

重力感应——可根据重力感应感测到直线方向的变化来旋转屏幕，这个功能在后台是可以关闭的。

3D陀螺仪——由高速旋转的三轴测量物体任意方向旋转时的角速度，经手机中的处理器对角速度积分后就得到了手机在某一段时间内旋转的角度。3D陀螺仪能在失衡的状态下感测到整个立体空间的方向，其性能比重力感应一个方向的变化要强。

蓝牙(blueTooth，BT)——BT是一种支持设备短距离通信(一般10 m内)的无线电技术，能在移动电话、PDA、无线耳机、笔记本电脑、相关外设等众多设备之间进行无线信息交换。

TFT (Thin Film Transistor，薄膜晶体管)屏幕——对于显示屏来说，显示的颜色越多越能显示复杂的图像，画面的层次也越丰富。TFT屏在中高端彩屏手机中普遍采用，分为65 536色、26万色及1600万色三种，其显示效果非常出色。

AMOLED屏——AMOLED是有源矩阵有机发光二极体面板，它在画质和效能上都比TFT LCD有先天的优势。AMOLED屏的特点是抗光性强，不容易反光，反应速度较快，对比度更高，视角较广。

1.5 智能手机常用软件

手机安全类：腾讯手机管家、百度手机卫士、猎豹安全大师。
社交通信类：腾讯QQ、微信、微博、知乎。
阅读类：咪咕阅读、掌阅、多看阅读、朝闻夕事。
学习类：中国大学慕课、金山词霸、有道笔记、学习通。
影音播放类：QQ音乐、酷狗音乐、爱奇艺、腾讯视频。
输入法类：搜狗输入法、讯飞输入法、百度输入法。
地图类：高德地图、百度地图、谷歌地图。
办公类：OfficeSuite、Microsoft Office，WPS Office。
网络类：UC浏览器、百度浏览器。

1.6 手机CPU及代表机型

智能手机的CPU是整部手机的控制中枢系统，也是逻辑部分的控制中心。CPU从最初的单核发展到了现在的多核，如双核(苹果A6处理器)、四核(骁龙805处理器)、八核(骁龙810)，单核处理器基本在智能手机上被淘汰了，多核手机已经成为主流。多核CPU对应用性能的提升取决于同时运行多个程序或线程的能力高低。但多核并不代表绝对高效，用户在实际操作中的使用顺畅度与核数多少并没有绝对关联。手机的运行速度虽与CPU息息相关，但CPU的运行速度是由多方面的综合因素决定的，如主频、管线架构、缓存设计等。CPU的核心数量只是CPU参数的一部分，不能一味地认为核心数越多越好。接下来介绍手机CPU领域的制造公司。

1. 高通 CPU

高通(Qualcomm)公司是全球 3G、4G、5G 无线电通信技术研发和芯片开发的领先企业，旗下有著名的芯片组解决方案——Snapdragon。该方案结合了业内领先的 3G/4G/5G 移动宽带技术与高通公司自有的基于 ARM 的微处理器内核，拥有强大的多媒体功能、3D 图形功能和 GPS 引擎。Snapdragon 众多芯片组中 MSM820、MSM821、MSM835 等产品已应用在许多热门手机上。高通芯片标识如图 1-2 所示。

图 1-2　高通(Qualcomm)芯片标识

高通 CPU 代表机型如表 1.5 所示。

表 1.5　高通 CPU 代表机型

处理器型号	制造工艺	CPU 架构	核心频率	GPU	内　存	基　带	代表机型
骁龙 820 (MSM8996)	14 nm FinFET	双核 Kyro+ 双核 Kyro	2.15+1.59 GHz	Adreno 530 624 MHz	双通道 LPDDR4-1866	LTE Cat. 12(下载) / Cat. 13 (上传)	LG G5、三星 NOTE7、小米 5
骁龙 821 (MSM8996 PRO)	14 nm FinFET	双核 Kyro+ 双核 Kyro	2.34+2.19 GHz	Adreno 530 653 MHz	双通道 LPDDR4-1866	LTE Cat. 12(下载) / Cat. 13 (上传)	小米 5S PLUS、LG G6
骁龙 835 (MSM8998)	10 nm FinFET	四核 Kyro+ 四核 Kyro	2.45+1.9 GHz	Adreno 540	双通道 LPDDR4-1866	LTE Cat. 16(下载) / Cat. 13 (上传)	小米 6、三星 S8、HTC U11

2. 德州仪器 CPU

德州仪器(Texas Instruments)简称 TI，是一家全球化半导体设计与制造公司，为现实世界中的信号处理提供创新的数字信号处理(DSP)及模拟器件技术。除半导体业务外，该公司还提供包括传感与控制、教育产品和数字光源处理解决方案。德州仪器推出了不少著名的手机处理器。TI 芯片标识如图 1-3 所示。

图 1-3 德州仪器(TI)芯片标识

德州仪器 CPU 代表机型如表 1.6 所示。

表 1.6 德州仪器 CPU 代表机型

CPU 型号	核心架构	主 频	工 艺	搭载的 GPU	代表机型
OMAP 3630	Cortex-A8	1 GHz	45 nm	PowerVR SGX530	酷派 9930、MOTO 里程碑 2、诺基亚 N9
OMAP 4430	双核 Cortex-A9	1 GHz	45 nm	PowerVR SGX540	PlayBook、LG P920
OMAP 4440	双核 Cortex-A9	1.5 GHz	45 nm	PowerVR SGX540	
OMAP 4460	双核 Cortex-A9	1.5 GHz	45 nm	PowerVR SGX540	
OMAP 4470	双核 Cortex-A9	1.8 GHz	45 nm	PowerVR SGX544	

3. 英伟达 CPU

nVIDIA(官方中文名称为英伟达)是一家以设计显示芯片和主板芯片组为主的半导体公司，还设计游戏机内核，如 xbox 和 playstation3。nVIDIA 最出名的产品线是为游戏而设计的 GEFORCE 显卡系列，为专业工作站而设计的 QUADRO 显卡系列和用于计算机主板的 NFORCE 芯片组系列。nVIDIA 于 2008 年开始移动终端芯片的研发，其中 Tegra 3 是世界首款四核处理器。nVIDIA 芯片标识如图 1-4 所示。

图 1-4 nVIDIA 芯片标识

nVIDIA 芯片的代表机型如表 1.7 所示。

表 1.7　nVIDIA 芯片代表机型

CPU 型号	核心架构	主　频	工　艺	搭载的 GPU	代表机型
Tegra 2	双核 Cortex - A9	1 GHz	40 nm	nVIDIA GeForce ULP	MOTO ME860/天语 W700/MOTOX00M
Tegra 3	四核 Cortex - A9	1 GHz	28 nm	Adreno 330	小米 3

nVIDIA 已于 2014 年退出手机处理器市场。

上面介绍的三家手机 CPU 厂商并没有自己的手机品牌，其 CPU 产品均提供给各大手机生产商，三星和苹果也生产 CPU，不过其产品主要供应给自己的手机使用。

4. 三星 CPU

自 2011 年三星推出 Exynos 4210 处理器起，经过 Exynos 5420、Exynos 5433、Exynos 7420发展到 Exynos 9820，在稳定性、功耗、发热量等综合性能方面都得到了提升，满足了三星手机低、中、高端的应用需求。目前三星已经在新推出的旗舰级机型 S9 系列上使用自家的 Exynos 9810 处理器平台。三星 CPU 代表机型如表 1.8 所示。

表 1.8　三星 CPU 代表机型

CPU 型号	核心架构	主　频	工　艺	搭载的 GPU	代表机型
S5L8900	ARM 11	412 MHz	90 nm	PowerVR MBX Lite	iPhone1、2 代/ITouch1、2 代
S3C6410	ARM 11	533～800 MHz	65 nm	无	魅族 M8/三星 i8000/i5700
S5PC100	Cortex - A8	600～800 MHz	65 nm	PowerVR SGX520	iPhone 3GS /itouch 3 代
S5PC110	Cortex - A8	800 MHz～1 GHz	45 nm	PowerVR SGX540	三星 i9000/魅族 M9
Apple A4	Cortex - A8	800 MHz～1 GHz	45 nm	PowerVR SGX535	iPhone 4 /iTouch 4/iPad
Exynos 4210	双核 Cortex - A9	1 GHz	45 nm	Mali - 400	三星 i9100
Apple A5	双核 Cortex - A9	1 GHz	45 nm	PowerVR SGX543	iPad 2 代
Exynos 7420	八核	2.1 GHz	14 nm		三星 S6/魅族 PRO5

5. 苹果CPU

苹果公司是美国的一家高科技公司，其生产的A系列处理器如图1－5所示。

图1－5 苹果处理器

部分代表机型如表1.9所示。

表1.9 苹果处理器代表机型

处理器型号	特 点	代表机型
A6	双核，采用ARM架构处理器，具备动态调整CPU电压、频率的特性，在GPU方面集成了一颗三核芯的图形处理单元	iPhone 5、iPhone 5 Plus
A10	四核，两个高性能核心和两个高能效核心，高性能的运行速度可达iphone 6的2倍，而高效能核心在运行时的功率则可低至高性能核心的五分之一，可根据不同需要来实现理想的性能与能效表现	iPhone 7、iPhone 7 Plus
A12	搭载了A12仿生芯片，采用台积电(台湾积体电路制造股份有限公司)的7 nm工艺制造，A12还搭载了八个核心的神经引擎，处理速度为每秒可执行五万亿次运算	iPhone XS

1.7 手机存储器

存储器有很多种类，包括随机存储器(RAM)、只读存储器(ROM)、闪存以及电子可编程存储器和非易失性存储器。

1. RAM

RAM是随机存取存储器，相当于电脑的内存条，内存越大越好。RAM又有SRAM(静态RAM)和DRAM(动态RAM)之分。

2. ROM

ROM是只读存储器。ROM也分为PROM、EPROM、EEPROM。

PROM是可编程ROM。

EPROM是可擦除可编程ROM。EPROM与PROM的区别是PROM是一次性写入的，也就是软件写入后就不能更改内容了，这种是早期的产品，现在已经不使用了，而EPROM则是通用的存储器。

EEPROM是电子可擦除可编程ROM。手机软件一般放在EEPROM中，EPROM通过紫外光的照射来擦除原先的程序，而EEPROM通过电子擦除，当然价格也是很高的，而且写入速度很慢。

Flash memory(快闪存储器)是ROM的一种，相当于电脑的硬盘。

3. 非易失性存储器

非易失性存储器(NVRAM)是一种很特别的存储器，它和SRAM相类似，但是价格却高很多。一些重要数据在断电后必须保存，所以只能存放在这里，一般和个人信息有关的数据会存在NVRAM中，比如和SIM卡相关的数据。NVRAM的容量非常小，通常只有几百字节。

技能训练1　在电脑上安装 Windows Android

一、训练目的

(1)加深对安卓系统的了解。

(2)体验安卓系统的应用。

技能训练1～3

二、训练器材

一台能上网且装有WIN7系统的电脑。

三、训练步骤

(1) 从主讲台电脑取得 Windows Android 软件。

(2) 双击开始安装。

(3) 体验图1-6所示各个应用程序的使用。

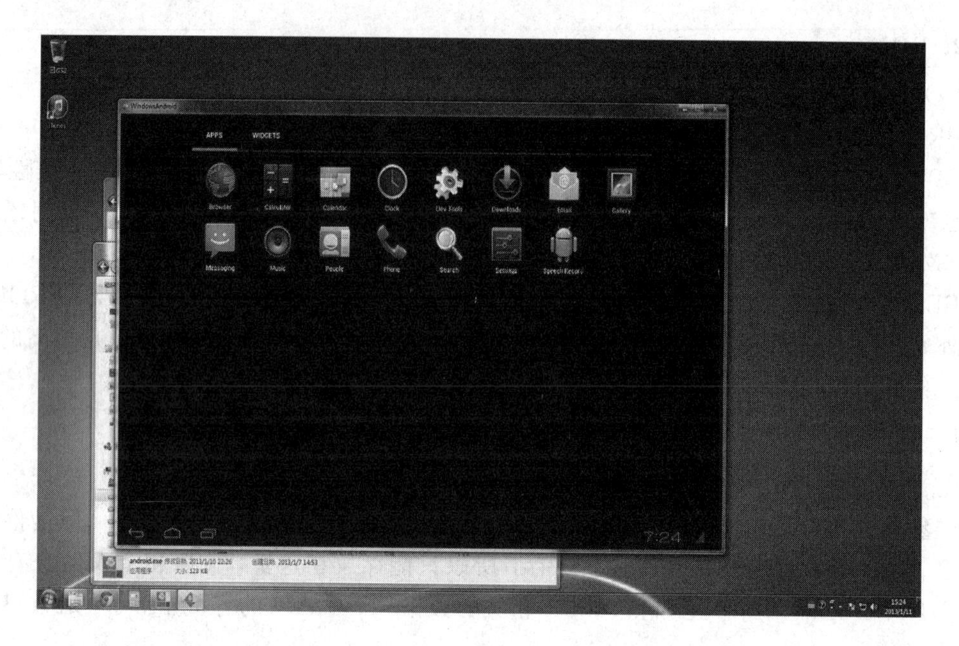

图 1-6 Android 系统的应用

技能训练 2 手机视频及远程控制的应用

一、训练目的

(1) 体会智能手机作为电脑无线摄像头的应用。

(2) 体会智能手机远程视频监控和远程控制电脑的方法。

二、训练器材

安卓智能手机、台式电脑、网络摄像机(或用智能手机代替)。

三、训练步骤

1. 智能手机作为电脑无线摄像头

(1) 手机端和 PC 端分别安装好 DroidCam 软件。

(2) 让电脑和手机处于同一个局域网内。

(3) 在手机上启动 DroidCam,如图 1-7 所示,显示“IP:192.168.1.102 端口:4747”。

图 1-7　手机启动 DroidCam 画面

(4) 启动 PC 端，连接方式选择 WiFi/LAN，再按照手机屏幕显示画面填入手机 IP 和 DroidCam 端口，就可在电脑上使用这个“手机虚拟的摄像头”来进行各种应用了，如图 1-8 所示。

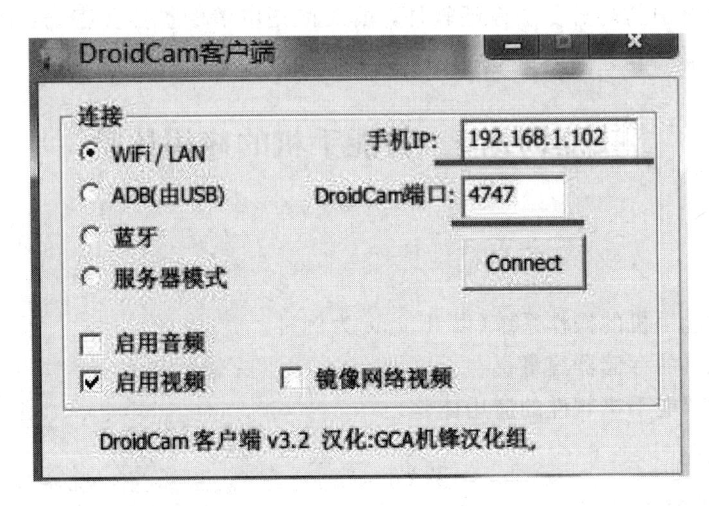

图 1-8　PC 端启动 DroidCam 设置

2. 智能手机远程视频监控

(1) 在电脑端安装好视频监控软件(如掌上看家采集端)和网络摄像头。

(2) 在手机端安装好视频客户采集端监控软件(如掌上看家)。

(3) 利用网络，在手机客户端手动添加ID后输入连接密码即可观看实时视频或回放已经存储的视频，如图1-9所示。

图1-9 手机远程监控

3. 远程控制电脑

(1) 在电脑端安装向日葵软件远程控制被控端。

(2) 在手机端安装向日葵软件远程控制主控端。

(3) 启动手机中的向日葵主控端软件，填入预先申请的护照及密码，连接后即可远程控制电脑桌面及摄像头。

技能训练3 智能手机的应用体验

一、训练目的

(1) 熟悉智能手机的操作系统(以iPhone为例)。

(2) 理解手机的存储器容量。

(3) 加深对智能手机软件的应用体验。

二、训练器材

智能手机一部。

三、训练步骤

(1) 查阅自己手机的操作系统(以 iPhone 为例)。

方法：设置→通用→关于本机，查阅操作系统及版本号。

(2) 查阅自己手机的 ROM、RAM 容量大小。

方法：设置→系统→关于手机，记录 ROM、RAM 容量(不同型号手机的方法不同)。

(3) 清理手机 QQ 空间。

方法：启动 QQ→设置→通用→空间清理。

(4) 清空微信聊天记录，释放内存。

方法：启动微信→我→设置→聊天→清空聊天记录。

(5) 查阅手机存储空间(在 iPhone 为例)。

方法：设置→通用→iPhone 储存空间，可见各应用占用存储空间的大小。

(6) 描述自己手机上安装了哪些应用软件。

(7) 描述如何选购智能手机。

思　考　题

(1) 智能手机的定义是什么?

(2) 你的手机是普通的 GSM 手机，还是 3G 或 4G 的智能手机?

(3) 你的手机是何种操作系统? 软件版本是多少?

(4) 自己举一个智能手机实际应用的例子。

(5) 应用安兔兔硬件检测软件检测自己的安卓智能手机配置。

(6) 手机运行慢的主要原因有哪些?

项目二　智能手机结构与工作原理

知识要点：2G、3G、4G手机的工作原理及硬件架构；智能机的拆机方法；1G双核智能机的工作原理。

智能手机结构与工作原理

2.1　移动通信概述

1. 移动通信的定义

移动通信是指通信双方至少有一方是在移动状态中进行信息交换的通信方式，它包括移动台之间的通信和移动台与固定台之间的通信。

2. 移动通信的特点

（1）利用无线电波进行信息传输。由于通信双方中至少有一方处在运动状态，只能通过无线电波进行联络，所以移动通信也称为移动无线电通信方式。

（2）电波传播环境复杂。无线电波在传输过程中受到建筑物、树林或其他障碍物的影响，同一信号通过各种途径到达接收机天线，其直射波和各反射波信号幅度和相位不同，因此合成信号强度就不同，造成手机在移动时接收信号的强度起伏不定，这种现象称为衰落，它严重影响移动通信的通话质量，因此要求手机具有良好的抗衰落的技术性能。

（3）干扰大，需采用抗干扰措施。移动通信的过程与外界的噪声及干扰有密切关系，这要求移动通信设备要具有足够的抗干扰能力。移动通信的主要干扰有互调干扰、邻道干扰和同频干扰等。

（4）多普勒效应。当运动的物体达到一定速度时，固定台接收到的载波频率将随运动速度的不同而产生不同的频移，通常把这种现象称为多普勒效应。移动速度越快，则多普勒效应就越严重，此时只有采用锁相技术才能接收到信号，因此要求移动通信设备具有锁相技术。

（5）用户经常移动。为了节约能量，发射机在不通话时处于关闭状态，而这时发射台又没有专门配备一条话音信道给一台移动电话，且通信双方都处在不断移动的地方，因此为了实现可靠有效的通信，要求移动通信设备必须具有位置登记、越区切换及漫游访问等跟踪交换技术。

2.2　2G智能手机工作原理

2.2.1　GSM移动通信系统概述

1. GSM移动通信系统

数字移动通信系统主要由移动终端(MS)、基站子系统(BSS)、交换网络子系统(NSS)及与市话局相连的中继线等组成。移动终端与基站子系统之间依赖无线信道来传输信息，移动通信系统与其他通信系统如公共交换电话网(PSTN)之间需要通过中继线相连，实现系统之间的互连互通。

终端设备就是移动客户设备部分，它由移动终端(MS)和客户识别模块(SIM)组成，移动终端在早期是以车载台、便携台形式出现的，现在的终端设备多数为手机。

基站子系统(BSS)是一个能够接收和发送信号的固定电台，负责与移动终端进行通信。基站子系统是在一定的无线覆盖区由移动交换中心控制、与移动终端进行通信的系统设备，它主要为移动终端提供一个双向的无线链路，负责完成无线信号的发送、接收和无线资源管理等功能。基站子系统由基站控制器(BSC)和基站收/发信机(BTS)组成。

交换网络子系统(NSS)主要用来处理信息的交换和整个系统的集中控制管理。通过基站和交换网络子系统就可以实现整体服务区内任意两个移动用户之间的通信，也可以经过中继线与市话局连接，实现移动用户与市话用户之间的通信，从而构成一个有线、无线相结合的移动通信系统。

2. GSM系统频段

1) GSM 900 MHz频段

(1) 移动台发射频率范围为890～915 MHz，接收频率范围为935～960 MHz。

(2) 双工收发间隔为45 MHz，工作带宽为25 MHz，载频间隔为200 kHz。

(3) 由于载频间隔为200 kHz，因此整个工作频段分为124对载频，其序号用n表示，$n=1\sim124$(绝对射频信道号码)，一般1、124频道不用，可用的最大频道数为122个。

2) DCS 1800 MHz频段

(1) 双频手机既可工作在GSM 900 MHz频段，又可工作在DCS 1800 MHz频段。

(2) 移动台发射频率范围为1710～1785 MHz，接收频率范围为1805～1880 MHz。

(3) 双工收发间隔为95 MHz，工作带宽为75 MHz，载频间隔为200 kHz。

3. GSM系统的相关技术

数字移动通信涉及很多技术问题，如多址技术、分集技术、调制技术、话音编码技术等。

1）多址技术

基站如何从众多用户台的信号中区分出是哪一个用户台发出来的信号，而各用户台又能识别出基站发出的信号中哪个是发给自己的信号，解决这一问题的方法称为多址技术。

多址方式的基本类型有三种：频分多址（FDMA）、时分多址（TDMA）和码分多址（CDMA），实际中也有其他多址方式，其中包括这三种基本多址方式的混合多址方式，如时分多址/频分多址（FDMA/TDMA）等。

频分多址（FDMA）是把通信系统的总频段划分成若干个等间隔的频道（或称信道）以分配给不同的用户使用，即每一个通信中的用户占用一个频道进行通话。这些频道互不重叠，其宽度应能传输一路数字话音信息，而在相邻频道之间无明显窜扰。

时分多址（TDMA）是把一个频道按等时间分割成周期性的帧，每一帧再分割成若干个时隙（帧和时隙都是互不重叠的），每一个用户占用不同的时隙进行通信，即同一个信道可供若干个用户同时通信使用。

码分多址（CDMA）是以传输信号的码型不同来区分信道的接入方式，在CDMA方式中，不同用户传输信息所用的信号不是靠频率或时隙不同来区分，而是以各自不同的编码序列来区分，或者说，靠信号的不同波形来区分。

在GSM系统中，主要采用FDMA系统和TDMA系统。

2）分集技术

传统的天线分集是在接收端（移动台）采用多根天线进行接收分集的，并采用合并技术来获得好的信号质量，但由于受移动台尺寸的限制，采用接收天线分集技术较困难，而且增加了移动台的成本，因此为了适应移动通信的要求，只有增加基站的复杂度，在基站端采用发射分集技术。发射分集技术利用多条具有近似相等的平均信号强度和相互独立衰落特性的信号路径来传输相同信息，并在接收端对这些信号进行适当的合并，以便大大降低多径衰落的影响，从而改善传输的可靠性。分集方法有空间分集、时间分集和频率分集等。

3）调制技术

调制是为了使信号特性与信道特性相匹配，显然，不同类型的信道特性相应存在着不同类型的调制方式。数字调制是用基带数字信号改变高频载波信号的某一参数来传递数字信号的过程。调制共有三种方式：

振幅键控（ASK）调制：使高频载波信号的振幅随数字信号改变的调制方式。

移频键控（FSK）调制：使高频载波信号的频率随数字信号改变的调制方式。

移相键控（PSK）调制：使高频载波信号的相位随数字信号改变的调制方式。

4）话音编码技术

在数字通信系统中，为将模拟信号变成数字信号，通常采用8 kHz的话音抽样，即话音的瞬间值为每秒被抽样 8000 次。每个样值以 256 个可能的幅度表示，因而最终信息输出速率为 64 kB/s，这已被认为是一种数码化的话音信号标准。但是，在无线信道上传送这一数量级的信息浪费频带宽度，所以 GSM 应用一个话音编码器，该编码器采用一些方法来提取标准的 64 kB/s 数码化话音。话音编码为信源编码，是将模拟话音信号变成数字信号，以便在信道中传输。话音编码技术有三大类：波形编码技术、参量编码技术和混合编码技术。

2.2.2　GSM 手机的基本构成及工作过程

1. GSM 手机电路结构

GSM 手机电路结构分为四部分：射频电路(收/发信部分)、逻辑/音频电路(音频信号处理和系统逻辑控制部分)、电源电路和终端接口电路。这四部分电路各司其职，共同构成一个有机整体，实现手机的各项功能。图 2－1 为 GSM 手机电路基本组成框图。

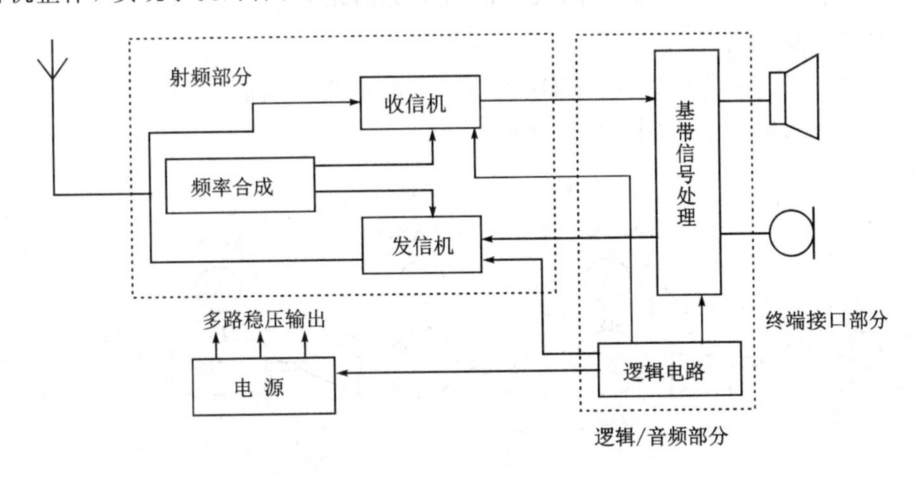

图 2－1　GSM 手机电路基本组成框图

1) 射频电路

射频电路部分一般指手机电路的模拟射频、中频处理部分。它在接收时，主要完成接收信号的下变频，得到模拟基带信号；在发射时完成发射模拟基带信号的上变频，得到发射高频信号。从电路结构上，可将射频电路分为接收通路、发射通路与锁相环三部分，其框图如图 2－2 所示。

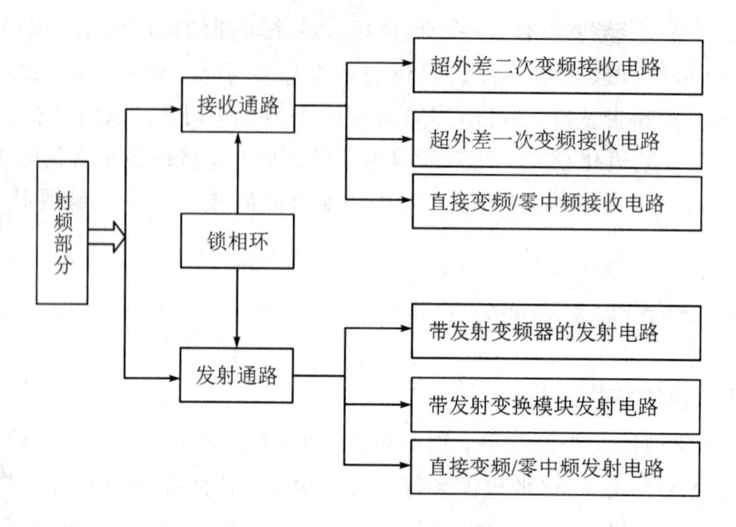

图 2-2 手机射频模块框图

(1) 接收通路。

接收通路的作用是将 935～960 MHz 或 1805～1880 MHz 的高频信号下变频为 67.707 kHz 的基带信号。接收机的分类如图 2-3 所示。

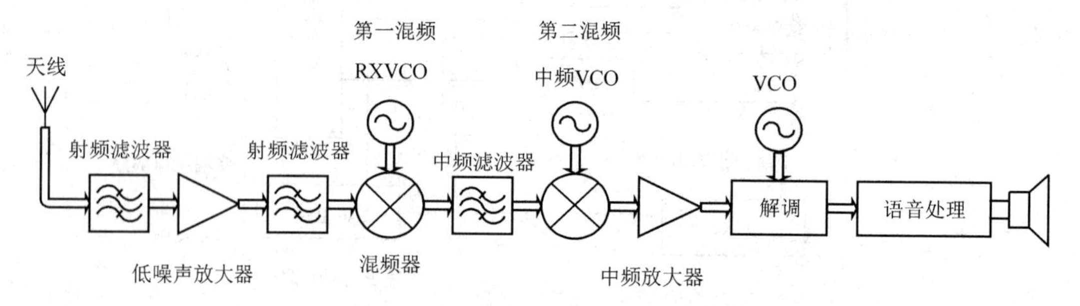

(a) 超外差二次变频接收电路

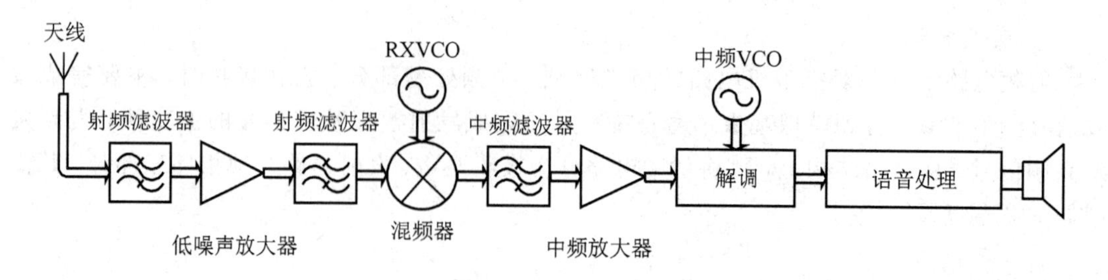

(b) 超外差一次变频接收电路

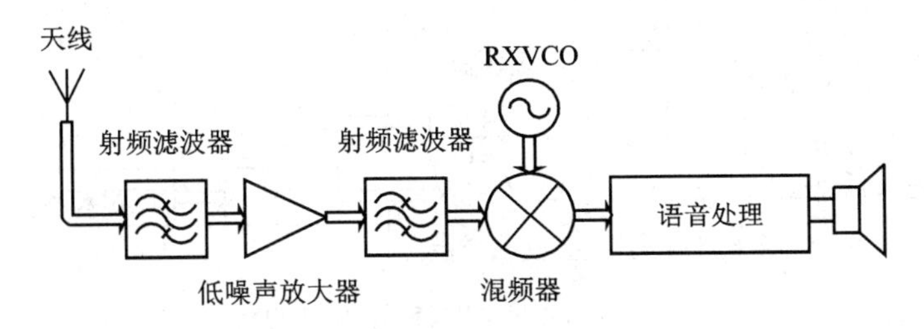

(c) 直接变频/零中频接收电路

图 2-3　接收机的分类

超外差二次变频接收机中有两个混频电路，把 935～960 MHz 的接收信号两次差频后进行中频放大、解调、语音处理，最后推动扬声器发出声音。

超外差一次变频接收机有一个混频电路，把 935～960 MHz 的接收信号一次差频后进行中频放大、解调、语音处理，最后推动扬声器发出声音。

混频器是超外差二次变频和超外差一次变频接收机的核心电路，如果接收机的混频器出现故障则会导致无信号、不注册等故障。

混频电路又叫混频器(MIX)，如图 2-4 所示，是利用半导体器件的非线性特性，将两个(假设为 f_1 和 f_2)或多个信号混合，取其差频或和频($f_1 \pm f_2$)，得到所需要的频率信号。在手机电路中，混频器有两个输入信号(一个为输入信号 f_1，另一个为本机振荡 f_2)，一个输出信号(其输出被称为中频 f_i)。接收机电路中的混频器是下变频器，即混频器输出的信号频率比输入信号频率低，取差频即 $f_i = f_1 - f_2$；发射机电路中的混频器通常用于发射上变频，它将发射中频信号与 UHFVCO(或 RXVCO)信号进行混频，取和频即 $f_i = f_1 + f_2$，变成最终发射信号。

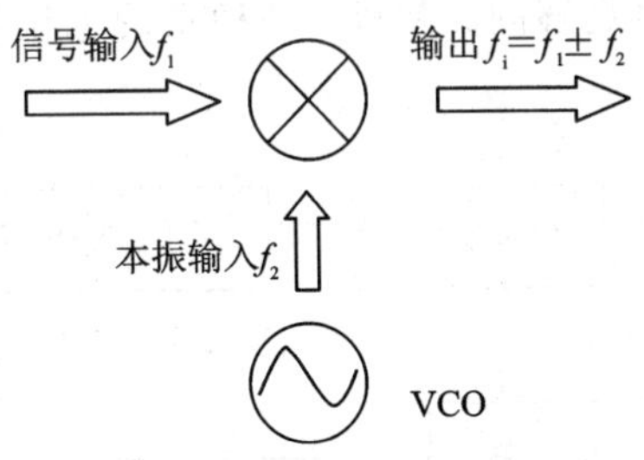

图 2-4　混频器

直接变频和零中频电路是把 935～960 MHz 信号与本振信号直接变频后得到基带信号去推动扬声器发出声音。

(2) 发射通路。

发射通路的作用是将 67.707 kHz 的低频信号上变频为 890～915 MHz 或 1710～1785 MHz 的高频信号，并发射出去。发射机的分类如图 2-5 所示。

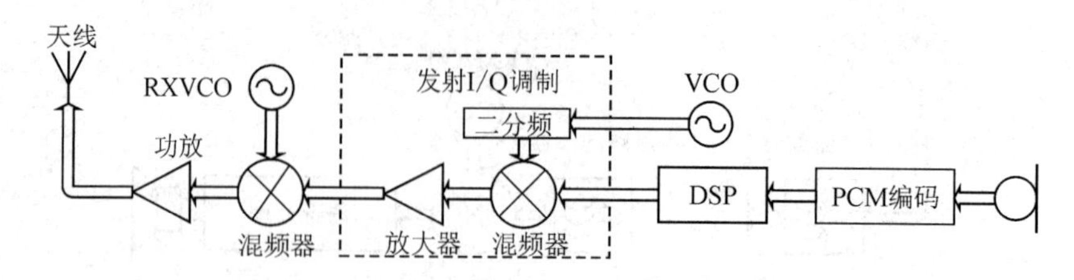

(a) 带发射变频器的发射电路

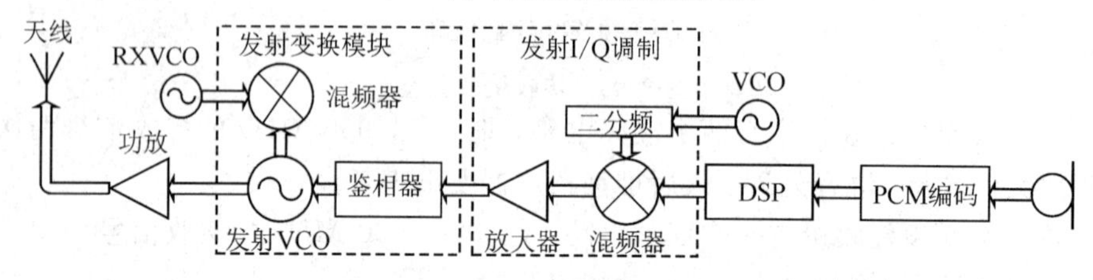

(b) 带发射变换模块的发射电路

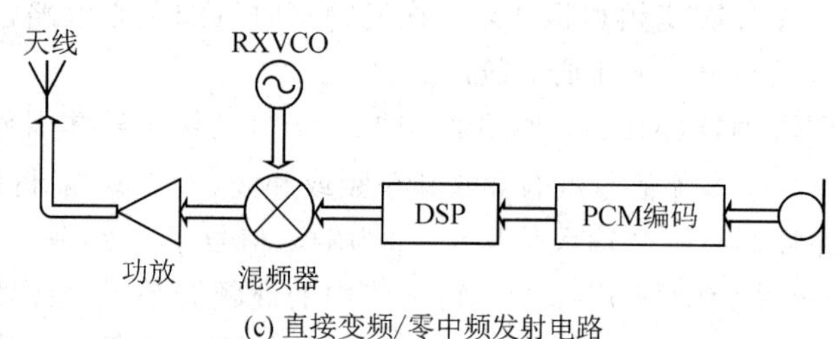

(c) 直接变频/零中频发射电路

图 2－5　发射机的分类

（3）锁相环。

锁相环电路的作用是提供足够的高精度、高稳定的工作频率。锁相环的结构如图 2－6 所示。

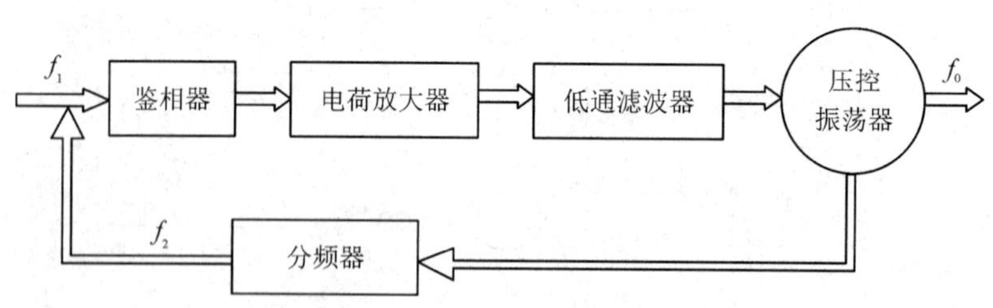

图 2－6　锁相环的结构

锁相环电路在射频电路中扮演着重要角色，它是频率合成器的核心，主要作用是由频率稳定性很强的基准信号得到一个同样频率稳定的信号。它由基准时钟频率、鉴相器、低通滤波器、压控振荡器和分频器组成。

锁相环的工作过程如下：压控振荡器产生周期性的输出信号 f_0，如果 f_0 低于参考信号的频率，这时反馈信号 f_2 与输入信号 f_1 进入鉴相器鉴相并通过电荷放大器改变控制电压使压控振荡器的输出频率 f_0 提高。如果压控振荡器的输出频率 f_0 高于参考信号的频率，鉴相器通过电荷放大器改变控制电压使压控振荡器的输出频率降低。低通滤波器的作用是平滑电荷放大器的输出，这样在鉴相器进行微小调整的时候，系统趋向一个稳定状态。

手机一开机，就会在逻辑电路的控制下扫描公共广播信道，从中获取同步与频率校正信息。如果手机系统检测到手机的时钟与系统不同步，则手机逻辑电路就会输出自动频率控制(AFC)信号。AFC 信号改变 13 MHz 或 26 MHz 电路中的 VCO 两端的反偏压，使该 VCO 电路输出的频率发生变化，从而保证手机与系统同步。

2）逻辑/音频电路

(1) 音频信号处理。

音频信号处理部分由发送通道的 PCM、语音编码、信道编码、交织、加密、I/Q 等以及接收通道的 GMSK 解调、解密、去交织、信道译码、语音译码、音频放大等组成。这些处理过程全在逻辑/音频部分的集成电路内完成，主要作用是对数字信号进行处理。

音频信号处理一是要完成声音信号到射频信号的转换，二是要完成射频信号到声音信号的转换。

声音信号到射频信号的转换过程为：声音→MIC→语音编码→信道编码→加密→RF 单元，即声音信号经过 MIC 转变成模拟的电信号；经 A/D 转换变为 64 kbit/s 的 PCM 数字信号，再经压缩编码，去除冗余度，变为 8 kbit/s 的数据流；然后通过信道编码增加冗余度，保证传输的可靠性；加密后送往射频单元处理，最后由天线发射出去。

射频信号到声音信号的转换过程与其相反，即过程为：RF 单元→解密→信道解码→语音解码→SPK→声音。

(2) 系统逻辑控制。

系统逻辑控制电路的主要作用是对整个手机的工作进行控制和管理，包括开机操作、射频部分控制以及外部接口、键盘、显示器、SIM 卡的管理和控制，其组成如图 2-7 所示。

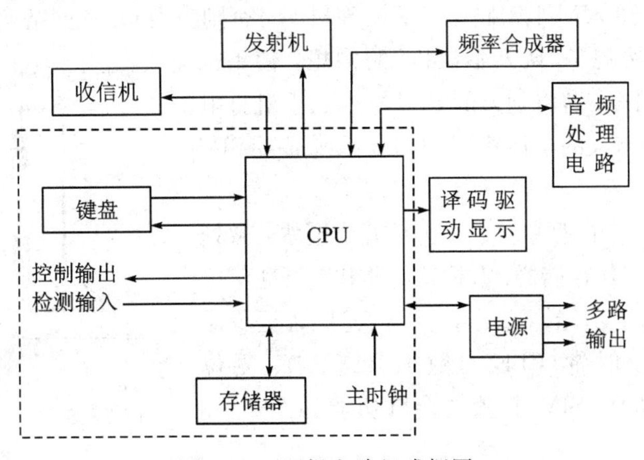

图 2-7　逻辑电路组成框图

逻辑控制电路主要由 CPU 和存储器组成。在程序存储器中，字库主要存储工作主程序，码片主要存储手机机身码(俗称串号)和一些检测程序，如电池检测、显示电压检测程序等。

CPU 与存储器组之间通过控制线、地址线及数据线连接，控制线就是 CPU 操作存储器进行各项指令的通道，如片选信号、复位信号、看门狗信号和读/写信号等。CPU 就是在这些存储器的支持下，才能够发挥其功能。CPU 对音频部分和射频部分的控制处理也是通过控制线完成的，这些控制信号一般包括静音、显示屏使能、发光控制、充电控制、接收使能、发送使能、频率合成器使能、频率合成器时钟等，这些控制信号从 CPU 伸展到音频部分、射频部分和电源部分，去完成复杂的整机控制工作。

3) 电源电路

电源电路的作用是给射频、逻辑/音频等电路提供各自所需的工作电压。

由于电池电压的不稳定和器件对电压、电流要求的精确性与多样性，最重要的是出于降低功耗的考虑，手机需要专门的电源管理单元。电源电路对各种电压的要求如下：

内核电压：电压较低，要求精确度高，稳定性好。

音频电压：模拟电压，要求电源比较干净，纹波小。

I/O 电压：要求在不需要时可以关闭或降低电压，以减少功耗。

功放电压：由于电流要求较大，因此直接由电池供电。

2. SIM 卡

SIM 是“用户识别模块”的英文缩写，SIM 卡上包含所有属于本用户的信息，想得到 GSM 系统服务的手机都要插入 SIM 卡，只有当拨打 GSM 系统认可的紧急呼叫时，才可以在不插 SIM 卡的情况下使用手机。

PIN(个人识别码)是 SIM 卡内部的一个重要数据。错误地输入 PIN，将会导致“锁卡”现象，或导致 SIM 卡永久性损坏，所以在 SIM 卡被锁后应及时解锁。正确设置 PIN，可以有效防止未经授权而使用。若知道 SIM 卡密码可以解锁 SIM 卡，否则应由 GSM 网络运营商解锁。

SIM 卡的使用实现了“认人不认机”的构想，使手机并非固定于某一个用户。若将别人的 SIM 卡插入手机打电话，运营商只收取持卡人的电话费用。GSM 系统通过 SIM 卡识别手机用户。

SIM 卡实质是一个微型单片机，包括五个模块：微处理器、程序存储器、工作存储器、数据存储器和串行通信单元，每个模块对应一个功能。SIM 卡与手机连接时至少需要五个端口：电源、时钟(CLK)、数据(DATA)、复位(RST)、接地端(GND)。SIM 卡触点端口功能如图 2-8 所示。

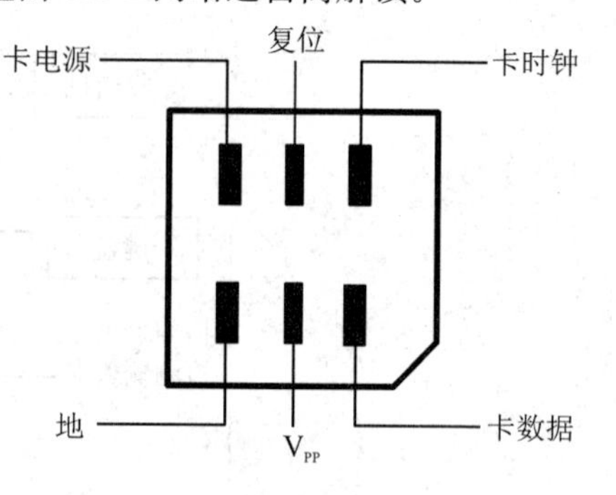

图 2-8　SIM 卡触点端口功能

3. GSM 手机整机工作流程

1）GSM 手机开机初始工作流程

手机开机初始工作流程如图 2－9 所示，当手机开机后，首先搜索并接收最强的广播控制信道(BCCH)中的载波信号，通过读取 BCCH 中的频率校正信道(FCH)，使自己的频率合成器与载波达到同频状态。

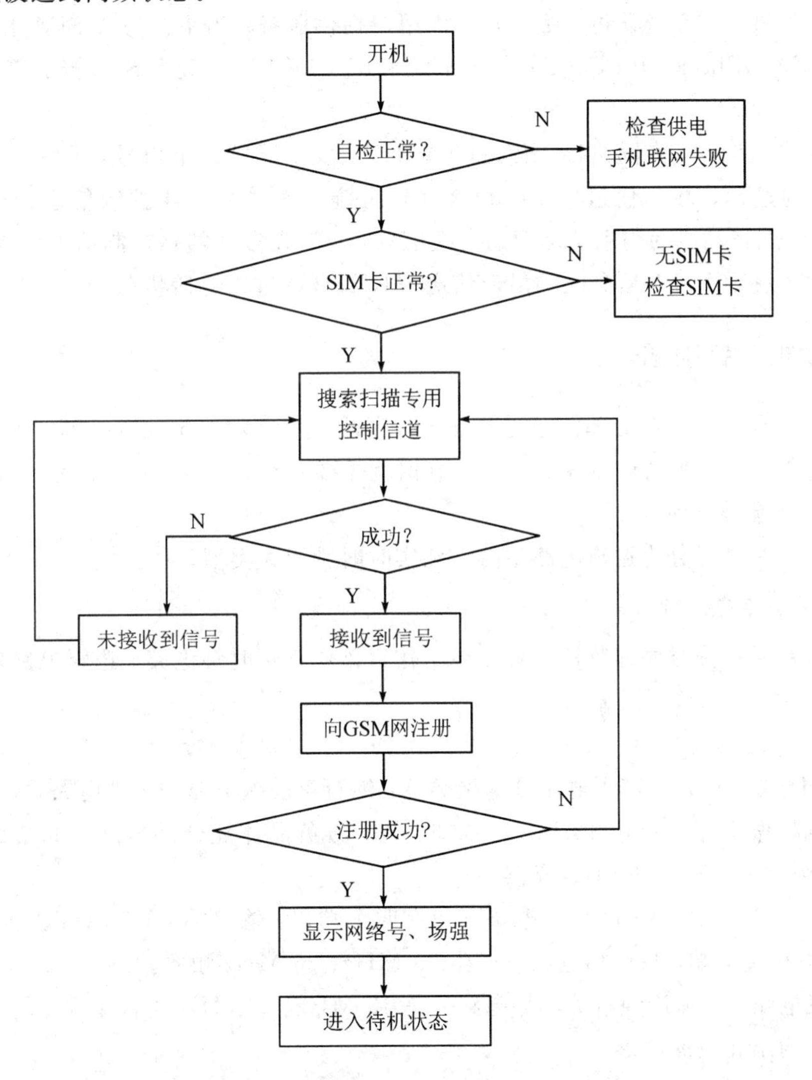

图 2－9　GSM 手机开机初始工作流程

当手机自检不正常时，显示“Phone Fail”(手机故障)、“See Supplier”(找销售商)、“Contact Service”(联系服务商)等字样，一般为软件故障以及相关硬件电路故障，主要是码片(EEPROM)或版本(FlashROM)出了问题，必须用传输线进行软件处理，或者将码片或版本拆卸下来用万用编程器(或手机数码维修仪)重新编程后焊接还原即可。

每当用户重新开机时，GSM系统与手机之间要自动鉴别SIM卡的合法性，即与手机核对“口令”，只有在系统认可之后，方为该用户提供服务。当手机检查SIM卡时出现“No Card”(无卡)或“Check SIM Card”(检查SIM卡)等字样时，一般为SIM卡故障。

2) 通话过程

当手机为主叫时，在随机接入信道(RACH)上发出寻呼请求信号，系统收到该寻呼请求信号后，通过允许接入信道(AGCH)为手机分配一个独立专用控制信道(SDCCH)，在SDCCH上建立移动电话与系统之间的交换信息，然后在慢速随路控制信道(SACCH)上交换控制信息，最后手机在所分配的语音信道(TCH)开始进入通话状态。

2.2.3　手机时钟电路

手机中的数字电路在处理信号时都是按时序即节拍一步一步地进行的，系统各部分也是按节拍工作的，要使电路的各部分统一节拍就需要一个基准的“时钟信号”，产生这个时钟信号的电路就是时钟电路。

手机中的时钟可分为逻辑电路主时钟和实时时钟两大类型。

1. 逻辑电路主时钟

逻辑电路要想按时序即节拍有规律地工作，必须有主时钟电路。逻辑电路的主时钟通常有13 MHz、26 MHz等。

1) 逻辑电路主时钟的产生

13 MHz或26 MHz产生电路分两种类型：纯石英晶振电路和组件电路。

纯石英晶振电路是指由13 MHz或26 MHz石英晶体配合外电路共同组成的振荡电路，可以产生13 MHz、26 MHz信号。

13 MHz、26 MHz VCO组件电路一般有四个端口：输出端OUTPUT、电源端VCC、AFC控制端和接地端，只要加电即可产生13 MHz、26 MHz频率。

在手机电路中，无论纯石英晶振电路还是13 MHz、26 MHz组件电路，均需要电源正常供电才能输出相应的波形。

手机中13 MHz、26 MHz的频率是否准确，决定于自动频率控制(AFC)电路的电压，AFC电压的产生，是基站根据手机传送的频率信号与网络系统高精度、高稳定的频率鉴相比较以后，把信息传给手机，由CPU处理后产生直流电压，去控制13 MHz或26 MHz的振荡频率，使手机中 13 MHz 或 26 MHz 与基站保持严格同步。

2）逻辑电路主时钟的作用

13 MHz(或 26 MHz)主时钟电路是逻辑电路工作的必要条件，也是手机正常开机的必要条件之一，开机时要求主时钟电路要有足够的幅度，幅度小不开机。

13 MHz(或 26 MHz)作为射频电路的基准频率时钟，完成射频系统共用收发本振频率产生合成、PLL 锁相以及倍频作为基准副载波用于 I/Q 调制解调。因此，信号对13 MHz(或 26 MHz)的频率要求精度较高(应在 12.999 9～13.000 0 MHz 或 25.999 9～26 MHz 之间，正负误差不超过 150 Hz)，只有 13 MHz(或 26 MHz)基准频率精确，才能保证收发本振的频率准确，使手机与基站保持正常的通信，完成基本的收发信号的功能。

3）逻辑电路主时钟故障

如果 13 MHz(或 26 MHz)出现停振或振荡幅度过小，则逻辑电路不工作，手机不开机。大部分手机 13 MHz(或 26 MHz)不正常的故障现象是开机电流很小(一般在 10 mA 左右)。

如果 13 MHz(或 26 MHz)频偏较小，将使收发本振和混频后的中频以及调制解调出的 I/Q 基带信号均产生偏离，没有正确占用自己的信道，形成信号时有时无；若 13 MHz(或 26 MHz)偏离较大，会造成无信号；如果 13 MHz(或 26 MHz)偏离太远，还会出现死机、定屏、开机困难、自动关机等故障。

一般情况下，13 MHz(或 26 MHz)停振或频偏时，只要供电正常则多为晶振问题，更换即可。

4）逻辑电路主时钟测试

检修 13 MHz(或 26 MHz)是否正常，可用频谱分析仪或频率计测量。正常时频谱分析仪可测量到突起的波形，频率计可直接读到 13 MHz(或 26 MHz)的具体频率数值，如若停振，则测不出频率。

2. 实时时钟

手机中要想显示当前的时间，内部必须有 1 s 信号产生电路，也就是实时时钟电路，它是由实时时钟频率电路处理后产生的，手机中实时时钟频率都是 32.768 kHz。

1）实时时钟频率的产生

实时时钟频率是由 32.768 kHz 晶体配合其他电路共同产生的。32.768 kHz 经过电路内部分频器 15 次分频后得到 1 Hz 信号，1 Hz 信号的周期就是 1 s，可使手机秒针每秒钟走一下，即实现计时的功能。

手机在关机后再开机时，为了维持手机中时间的连续性，32.768 kHz 不能间断工作，关机或取下电池后，由手机主板中的备用电池供电。有的手机取下电池一段时间后再开机时需再调整时间，是机内没有备用电池或备用电池需要更换的原因。

2）实时时钟电路的作用

（1）保持手机中时间的准确性。

（2）在待机状态下作为逻辑电路的主时钟，目的是为了节电。待机时 13 MHz、26 MHz间隔工作的周期延长，基本处于休眠状态，逻辑电路主要由 32.768 kHz 作为主时钟。

3）实时时钟故障

由于各厂家设计思路不同，32.768 kHz 的具体作用也不尽相同，如有的手机 32.768 kHz 损坏会直接影响开机；有的手机中 32.768 kHz 不正常会影响开机和信号。

部分手机中的 32.768 kHz 晶体与电源模块构成振荡，是作为逻辑电路工作的一个前提条件，如果 32.768 kHz 不工作，逻辑电路就不能工作，不能开机。

部分手机中的 32.768 kHz 作为逻辑电路 CPU 数据传输的时钟，损坏后不开机，拆下后可以开机但无时间显示。

部分手机中的 32.768 kHz 损坏可以开机，但无时间显示或时间不准。

4）实时时钟测试

32.768 kHz 时钟信号可用示波器和频率计测量，用示波器在其测试点可测量到正常的正弦波形，如不起振，通常是备用电池短路或晶体损坏引起的，更换即可。

2.2.4 手机电源电路原理

电源电路的作用就是把电源电压转换成多路不同电压，供手机中不同电路使用。手机的开机过程：按下开机键(超过 2 s)，电源电路输出电压为 CPU、13 MHz(或 26 MHz)振荡电路供电；CPU 在满足“电源、时钟、复位”条件后，若再得到软件支持，则输出开机维持信号，并送到电源集成电路，以代替开机键维持手机的正常开机。电源电路包含电池供电电路、开机信号电路、升压电路、受控电压输出及非受控电压输出电路。

1. 电池供电电路

电池通过四条线和手机相连，即电池正极、电池信息、电池温度、电池地。电池信息线通常是手机厂家为防止手机用户使用非原厂配件而设置的，它也用于手机对电池类型的检测，以确定合适的充电模式。电池电源通常用 VBATT、VBAT、BATT 表示。

2. 开机信号电路

手机的开机方式有两种：一种是高电平开机，即当开机键被按下时，电源管理电路的开机触发端得到高电平触发信号，电源芯片开始工作，输出各组电压给各模块正常供电；另一种是低电平开机，即当开机键被按下时电源管理电路的开机触发端得到低电平触发信号，电源芯片开始工作，输出各组电压给各模块正常供电。开机信号常用 ON/OF 或 PWR-SW、PWRON 等表示，开机维持信号常用 WDOG、DCON、CCONTSX、PWERO 等表示。

三星手机基本上是高电平触发开机，诺基亚及其他多数手机一般是低电平触发开机。

3. 升压电路

电源电压一般较低，而手机中有些电路需要较高的工作电压。这时需要把电源升高的升压电路。升压方式有振荡升压方式和开关稳压升压方式，一般升压为5～5.6 V。

4. 受控电压输出电路

手机中输出的受控电压大部分供给手机射频电路中的压控振荡器、功放和发射VCO等电路。手机输出受控电压主要有两个原因：一是这个电压只能在需要的时候才出现，否则手机各功能会发生混乱；二是部分电压在不需要时不输出，从而达到省电的目的。受控电压一般受CPU输出的RXON、TXON等信号控制。

5. 非受控电压输出电路

手机中很多电压是不受控的，即只要按下开机键就有输出。这部分电压大部分供给逻辑电路和基准时钟电路，以使逻辑电路具备工作条件(即供电、时钟、复位)，并输出开机维持信号，维持手机的开机。

2.2.5 I/O接口电路原理

I/O接口部分包括模拟接口、数字接口和人机接口三部分。模拟接口有A/D转换、D/A转换、RF发送信号、天线RF接收信号等；数字接口主要是数字终端适配器；人机接口有键盘输入、功能翻盖开关输入、送话器输入、LCD输出、受话器输出、振铃输出、手机状态指示灯输出和SIM卡等。I/O接口电路如图2-10所示。

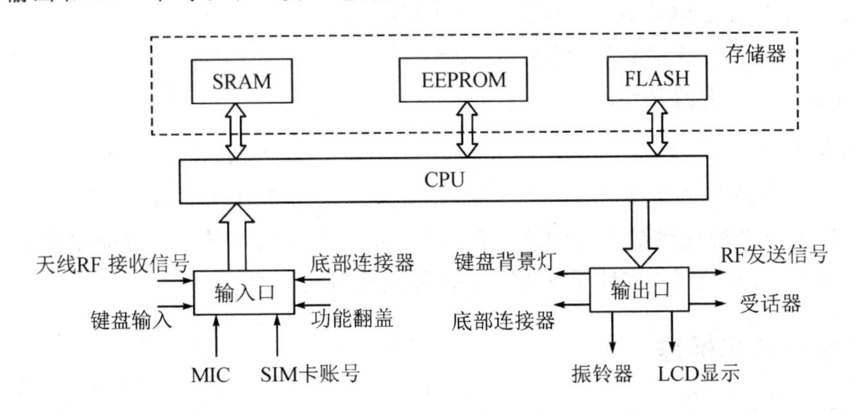

图2-10　I/O接口电路图

2.3　3G智能手机工作原理

2.3.1　3G移动通信的概念

1. 3G的含义

第三代移动通信即国际电信联盟(ITU)定义的IMT-2000(International Mobile Telecommunication-2000)，俗称3G。3G是相对第一代模拟制式(1G)和第二代GSM、TDMA等数字制式(2G)而言的。一般地讲，3G是指无线通信与国际互联网等多媒体通信结合的新一代移动通信系统。它可使人们享受到更多的通信乐趣，除了获得更清晰的话音业务外，还可以随时随地通过个人移动终端进行多媒体通信，如上网浏览、多媒体数据库访问，实时信息查询、可视电话、电子商务、知识汲取和文化娱乐等。

2. 3G的目标

2G移动系统频谱资源的有限性，频谱利用率的较低性和支持移动多媒体业务的局限性(只能提供话音与低速数据业务)，以及2G系统之间的不兼容性，导致了系统容量较小，难以满足调整宽带的需求，不能实现用户全球漫游。因此，发展3G移动通信将是2G移动通信前进的必然结果。3G移动通信的主要特点如下：

(1) 全球统一频段、统一标准、无缝覆盖。

(2) 比2G系统更高的频谱效率。

(3) 高服务质量，高保密性能。

(4) 提供宽带多媒体业务，速率最高达2 MB/s。

(5) 易于从第二代系统过渡和演进。

(6) 价格低廉的多媒体终端。

3. 3G的特征

3G系统能够提供大容量语音、高速数据和图像传输等业务；3G系统是以CDMA和GSM网络为基础平滑过渡演进的网络；3G系统采用无线宽带传送、复杂的编译码及调制解调算法、快速功率控制、多址干扰对消、智能天线等先进技术。

2.3.2　3G的技术标准

目前国际上具有代表性的3G标准有三种：WCDMA、CDMA2000、TD-SCDMA。CDMA是Code Division Multiple Access(码分多址)的缩写，是3G通信系统的技术基础。其中，WCDMA和CDMA2000属于FDD方式，TD-SCDMA属于TDD方式(系统的上下行工作于同一频率)。

1. WCDMA 技术

WCDMA 全名是 Wide-band CDMA(宽带码分多址),它最早由欧洲国家和日本提出。现中国联通使用 WCDMA 制式,其核心网基于演进的 GSM/GPRS 网络技术。WCDMA 系统能同时支持电路交换业务(如 PSTN、SDN)和分组交换业务(如 IP 网)。灵活的无线协议可在一个载波内同时支持语音、数据和多媒体业务;通过透明或非透明传输来支持实时、非实时业务。

2. CDMA2000 技术

CDMA2000 是从 CDMAOne 进化而来的一种 3G 技术,目的是为现有的 CDMA 运营商提供平滑升级到 3G 的路径。它最早应用在北美,现中国电信使用 CDMA2000 制式,其核心是 Lucent、Motorola、Nortel 和 Qualcomm 联合提出的宽带 CDMAOne 技术。它的数据传输速率可达 384 kb/s～2 Mb/s,在高速移动的状态,可提供 384 kb/s 的传输速率,在低速或室内环境下,则可提供高达 2 Mb/s 的传输速率,是无线的宽带通信系统。

3. TD-SCDMA 技术

TD-SCDMA(Time Division Synchronous CDMA,时分同步码分多址接入)是第三代移动通信主要技术之一,是我国提出的具有自主知识产权的技术。该标准提出不经过 2.5G 的中间环节,直接向 3G 过渡,非常适用于 GSM 系统向 3G 升级,现中国移动使用 TD-SCDMA制式。三种制式的比较如表 2.1 所示。

表 2.1　3G 技术制式比较

比较项 \ 3G 技术制式	WCDMA	CDMA2000	TD-SCDMA
采用国家	欧洲、日本	美国、韩国	中国
演进基础	GSM	窄带 CDMA	GSM
同步方式	异步/同步	同步	同步
码片速率	3.84 Mchip/s	N×1.2288 Mchip/s	1.28 Mchip/s
信号带宽	5 MHz	N×1.25 MHz	1.6 MHz
空中接口	WCDMA	CDMA2000 兼容 IS-95	TD-SCDMA
核心网	GSM MAP	ANSI-41	GSM MAP

2.3.3　3G 智能手机的硬件架构

一部 3G 智能手机主要由三大功能模块（芯片）构成，分别是无线基带芯片、存储芯片和应用处理器，此外，加上 LCD 显示屏和一些周边配件，就构成一台智能手机。如同计算机由主板、CPU、内存等部件组成一样，这种模块化的架构让众多的开发商都可以参与其中，只需要熟悉其相关模块，就可以进行开发。

1. 无线基带芯片

无线基带芯片也称为通信处理器，负责通信功能。GSM、CDMA、3G 网络都有相应的无线基带芯片。

2. 存储芯片

和掌上计算机类似，智能手机的存储空间分为两类——ROM 和 RAM，即只读存储器和随机存储器。

只读存储器通常采用闪存芯片，用于存放操作系统和出厂时预装的应用程序，即使在电池无电的情况下，存储在闪存中的数据也不会丢失。高档智能手机的闪存容量都比较大，除存放操作系统外，多余的存储空间可以用于备份通讯簿等重要数据。

随机存储器才是平时所说的智能手机的“内存”，通常采用速度更快的 DRAM 芯片。随机存储器有存储数据和运行程序两大作用，用户可以自由划分多少内存用于“存储”，多少内存用于“程序”。

3. 应用处理器

手机中的应用处理器相当于计算机的中央处理器和芯片组。它集成了数据运算、媒体处理、内存控制、扩展卡/USB/蓝牙接口控制、基带接口控制等功能。例如 Intel 应用处理器 PXA27x 最高频率达到 624 MHz，具备无线多媒体指令集，支持四百万像素数码相机功能，具有 5 级低能源模式，电压和频率可以动态改变，其中的多媒体加速器是专门为智能手机提供硬件视频和图形加速的芯片。

2.3.4　MT6517 方案安卓 3G 智能手机原理

1. MT6517 应用概述

MT6517 是台湾联发科技的 GSM 1G 双核处理器，可添加支持 TD-SCDMA 与 CDMA 的基带，从而支持 TD 以及电信 3G 网络，基于 A9 架构，采用 40 nm 制程，GPU（也就是显示芯片）是 PowerVR SGX6xxb。

2. MT6517 原理框图

图 2－11 为 MT6517 原理框图。

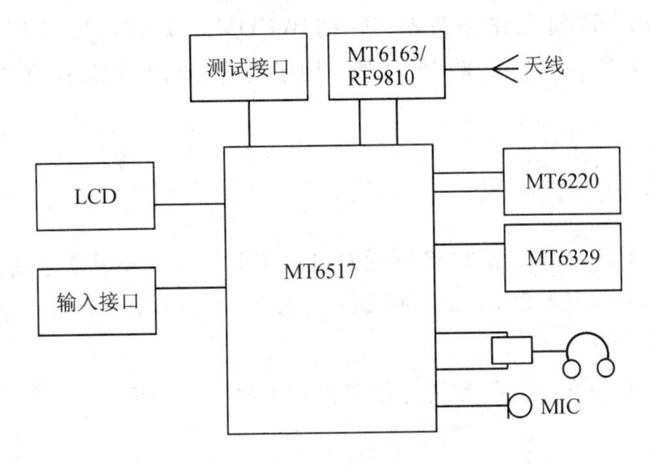

图 2-11　MT6517 原理框图

3. MT6517 架构

MT6517 双核手机方案除了 CPU 还有 MT6163 射频处理芯片、MT6329 电源管理芯片、MT6220 无线连接芯片等，配套成一个平台，提供高集成度廉价双核智能手机解决方案。

MT6163 射频处理芯片完成手机数字信号的调制解调功能，包括手机的接收、发射、频率合成电路。

MT6329 电源管理芯片 对电池电压起稳压作用，稳压成1.8 V、1.36 V、2.8 V 电压供手机的 CPU、存储器等电路使用。这里要说明的是逻辑供电是由电源直接提供的，即是由 MT6329 电源芯片产生的，只要按下开机键就能测到。逻辑电路供电电压一般是稳定的直流电压，用万用表可以测量，电压值就是标称值；主时钟 26 MHz 晶体的电源则是在 CPU 的控制下供给的；射频部分的电源也是在 CPU 的控制下才产生的，既有直流供电电压，又有脉冲供电电压，而且这些供电电压大都是受控的，其目的是为了省电和与网络同步，使部分电路在不需要时不工作，否则射频电路都工作手机功能就会紊乱。

MT6220 无线连接芯片集成了无线局域网、蓝牙、GPS、调频四种功能。

2.4　4G 智能手机工作原理

4G 是第四代通信技术的简称，G 是 Generation(一代)的简称。4G 系统能够以 100 Mb/s 的速度下载，比拨号上网快 2000 倍，上传的速度也能达到 20 Mb/s，能够满足几乎所有用户对于无线服务的要求。4G 的计费方式灵活机动，用户可以根据自身的需求选择所需的服务。此外，4G 还可以在 DSL 和有线电视调制解调器没有覆盖的地方部署，然后再扩展到整个地区。

4G 手机 FDD-LTE 的工作原理与 3G 的 WCDMA 类似，TDD-LTE 的工作原理与 GSM 类似。4G 手机多了一个分集接收天线，用于提升接收性能，提高传输速度，4G 手机的元器件远多于 2G。

2.4.1 4G 技术

2012 年 1 月 20 日，ITU 正式审议通过 4G（IMT-Advanced ）标准：LTE-Advanced、WirelessMAN-Advanced(802.16 m)。而 TD-LTE 作为 LTE-Advanced 标准分支之一入选，这是由我国主导提出的。

2013 年 12 月 4 日下午，工业和信息化部正式发放 4G 牌照，宣告我国通信行业进入 4G 时代。

2015 年 9 月，调研公司发布 4G 网速报告，中国 4G 网络下载速度为 13 Mb/s，位居全球排名第 38 位。前三位分别是新西兰、新加坡和罗马尼亚。

4G 技术包括以下几种。

1. LTE

LTE(Long Term Evolution，长期演进)项目是 3G 的演进，它改进并增强了 3G 的空中接入技术，采用 OFDM 和 MIMO 作为其无线网络演进的唯一标准。LTE 的主要特点是在 20 MHz 频谱带宽下能够提供下行 100 Mb/s 与上行 50 Mb/s 的峰值速率，相对于 3G 网络大大提高了小区的容量，同时将网络延迟大大降低，内部单向传输时延低于 5 ms，控制平面从睡眠状态到激活状态的迁移时间低于 50 ms，从驻留状态到激活状态的迁移时间小于 100 ms。

2. LTE-Advanced

LTE-Advanced 就是 LTE 技术的升级版，其正式名称为 Further Advancements for E-UTRA，它是一个后向兼容的技术，完全兼容 LTE，是演进而不是革命，相当于 HSPA 和 WCDMA 的关系。LTE-Advanced 包含 TDD 和 FDD 两种制式，其中 TD-SCDMA 能够进化到 TDD 制式，而 WCDMA 能够进化到 FDD 制式。

LTE-Advanced 有如下特性：

(1) 带宽达到 100 MHz。

(2) 峰值速率为下行 1 Gb/s，上行 500 Mb/s。

(3) 峰值频谱效率为下行 30 b/s/Hz，上行 15 b/s/Hz。

(4) 针对室内环境进行优化。

(5) 有效支持新频段和大带宽应用。

（6）峰值速率大幅提高，频谱效率有效地改进。

3. WiMax

WiMax（Worldwide Interoperability for Microwave Access）即全球微波互联接入，WiMAX的另一个名字是IEEE 802.16。802.16工作在无需授权的2～66 GHz频段，所使用的频谱比其他任何无线技术更丰富，WiMAX的技术起点较高。WiMax所能提供的最高接入速度是70 Mb/s，是3G所能提供的宽带速度的30倍。WiMAX逐步实现宽带业务的移动化，而3G则实现移动业务的宽带化，两种网络的融合程度会越来越高，这也是移动世界和固定网络的融合趋势。

WiMax具有如下特性：

（1）对于已知的干扰，窄的信道带宽有利于避开干扰，而且有利于节省频谱资源。

（2）灵活的带宽调整能力，有利于运营商或用户协调频谱资源。

（3）WiMax所能实现的50 km的无线信号传输距离是无线局域网所不能比拟的，网络覆盖面积是3G发射塔的10倍，只要少数基站建设就能实现全城覆盖，能够使无线网络的覆盖面积大大提升。

4. WirelessMAN-Advanced

WirelessMAN-Advanced其实就是WiMax的升级版，即IEEE 802.16m标准，其最高可以提供1 Gb/s的无线传输速率，还兼容4G无线网络。

WirelessMAN-Advanced有如下特性：

（1）提高网络覆盖，增加链路预算。

（2）提高频谱效率。

（3）提高数据和VoIP容量。

（4）低时延及QoS增强。

（5）节省功耗。

2.4.2　4G的主要优势

1. 通信速度快

4G技术理论上能以100 Mb/s的速度下载，以20 Mb/s的速度上传。从目前全球范围4G网络测试和运行的结果看，4G网络速度大致比3G网络快10倍，意味着能够传输高质量视频图像。

4G网络在通信带宽上比3G网络的蜂窝系统高出许多，相当于3G网络的20倍。

2. 增值服务多

3G移动通信系统主要是以CDMA为核心技术，4G最受瞩目的则是正交分频多任务(OFDM)技术，利用这种技术可以实现无线区域环路(WLL)、数字音频广播(DAB)等方面的无线通信增值服务。

3. 技术融合强

4G不再局限于电信行业，还可以应用于金融、医疗、教育、交通等行业，使局域网、互联网、电信网、广播网、卫星网等能够融为一体组成一个通播网，无论使用什么终端，都可以享受高品质的信息服务，向宽带无线化和无线宽带化演进。

4. 比较优势

1G、2G、3G、4G提供的业务比较如表2.2所示。

表2.2 不同技术提供的业务比较

技术类别	主要提供的业务
1G	一般语音通信服务，无法提供资料传输
2G	语音加低速数据业务，基本是电话和短信
3G	具有更快的网速，可以提供网页浏览、音乐等基本业务
4G	具有100 Mb/s以上的下载速度，能流畅承载视频、电话会议等业务

2.4.3 4G中国运营商制式及频谱

4G中国运营商制式及频谱如表2.3所示。

表2.3 4G中国运营商制式及频谱

运营商 不同点	中国移动	中国电信	中国联通
制式	TD-LTE	TD-LTE/FDD-LTE	TD-LTE/FDD-LTE
频谱	1880～1900 MHz 2320～2370 MHz 2575～2635 MHz	2370～2390 MHz 2635～2655 MHz	2300～2320 MHz 2555～2575 MHz

2.4.4　4G 手机工作原理

4G 手机同样由电源电路、逻辑电路、射频电路、时钟电路以及一些附属电路组成，以 MT6735(四核 ARM Cortex-A53 架构，主频高达 1.3 GHz)芯片组为核心的手机电路组成如图 2－12 所示。

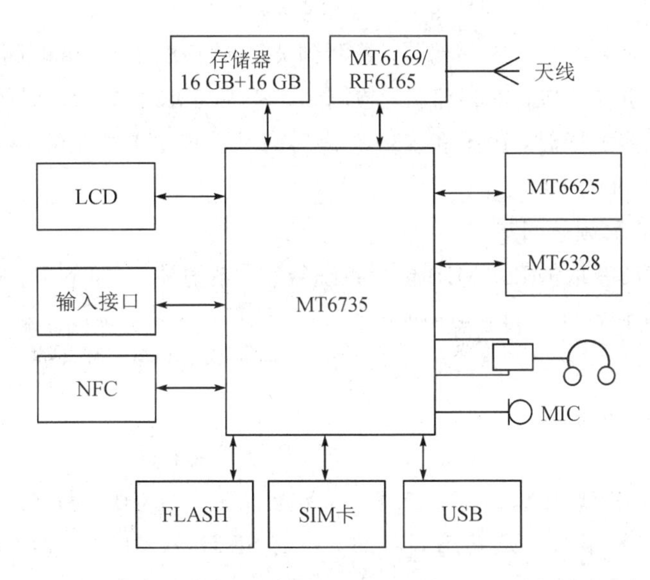

图 2－12　基于 MT6735 芯片组的手机电路组成框图

MT6735 芯片组组成方案为：电源管理电路 MT6328，射频处理电路 MT6169/RF6165，无线、蓝牙、调频、GPS 四合一芯片 MT6625 及外围接口电路。

手机完成开机动作后，搜网到驻留 4G 小区的详细过程如下：

(1) UE(用户终端)开机后小区搜索。小区搜索用于 UE 获得一个 Cell 的时间，并获取 Cell 的物理层小区 ID，当 UE 获得物理层小区 ID 和帧同步后，UE 就可以在 BCH 上读取系统消息。

(2) 检测 PSS/SSS 序列获取时频同步。UE 在事先不知道小区信息的情况下搜索小区需要经过时隙同步、帧同步、捕获主扰码三个步骤，时隙同步时 UE 会在其支持的 LTE 频率的中心频点附近尝试接收 PSS 和 SSS，TDD 的 PSS 在子帧 1 和 6 的第三个 symbol 上发送，SSS 在子帧 0 和 5 的最后一个 symbol 上发送，比 PSS 提前 3 个 symbol。时频同步过程如图 2－13 所示。

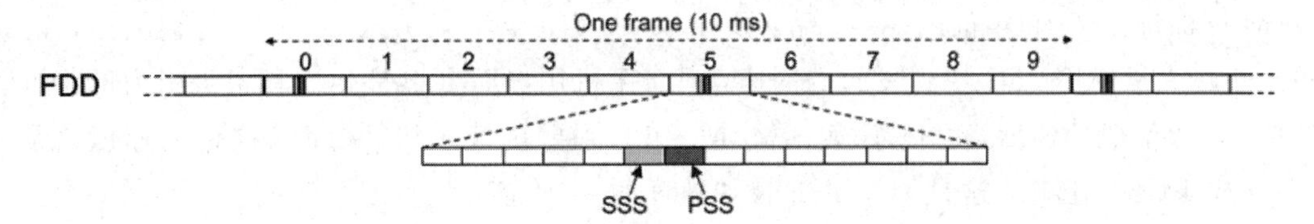

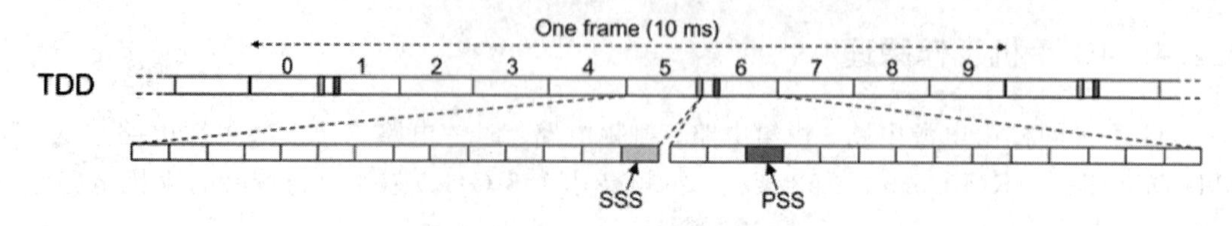

图 2-13 时频同步过程

PSS 每 10 ms 重复 2 次，内容相同，检测到 PSS 后获取了 5 ms 时间同步。

SSS 每 10 ms 重复 2 次，内容相反，检测到 SSS 后获取了 10 ms 时间同步。

获取 10 ms 同步的同时，PSS 和 SSS 解码后同时也获知了小区的 PCI、CP 的配置以及小区的双工模式(TDD/FDD)。

(3) 检测 RS 获取频域同步。

(4) 解码 PBCH 获取 MIB。MIB 包含系统带宽、系统帧号(SFN)与 PHICH 配置信息。MIB 会在物理信道 PBCH 上传输。PBCH 时域上位于每个系统帧的子帧 0 的第 2 个 slot 的前 4 个 OFDM symbol 上，并在频域上占据 72 个中心子载波(不含 DC)。检测到 MIB 后还可获取小区的天线端口信息。

(5) 读取 PCFICH，获知本无线帧的控制域和数据域配置。

(6) 获取 SIB。SIB1 和 SI 消息都在 PDSCH 上传输，且 SIB1 和 SI 消息所占的 RB(频域上的位置)及其传输格式等是动态调度的，并由 SI-RNTI 加扰的 PDCCH 来指示。由于 MIB 中已获知 PHICH 的配置，则控制域中的 PDCCH 的位置能够确认，使用 SI-RNTI 对 PDCCH 解码，可以获取 SIB 信息。

(7) 空闲态行为：PLMN 选择和重选，小区的选择与重选。在 SIB 中获取 PLMN、小区选择、重选、邻区配置等相关信息，执行空闲态行为。

2.5 5G 技术

2.5.1 5G 的优势

目前全球电信、手机业者都在赶进度，让 5G 商用化进度不断提前。几乎所有智能手机 OEM 厂都将在 2019 年推出 5G 产品。预计 2019 年下半年第一批 5G 手机将会量产，正式投入市场大量使用。5G 快到飞起的网速，对于手机用户而言也是相当具备吸引力的，如想体验 5G 火箭般的速度，可以不换 SIM 卡，但必须要更换手机。初期 5G 传输速度将从 2 Gb/s 或 4 Gb/s 起跳，这是 4G/LTE 最快速度的 2～4 倍。

5G的主要特点是波长为毫米级、超宽带、超高速度、超低延时。1G～4G都是用于人与人之间更方便快捷的通信，而5G将实现随时、随地的万物互联，让人类敢于期待与地球上万物通过直播方式实现无时差同步通信。5G的主要优势如下：

(1) 在容量方面，5G通信技术将比4G实现单位面积移动数据流量增长1000倍。

(2) 在传输速率方面，典型用户数据速率提升10～100倍，峰值传输速率可达10 Gb/s (4G为100 Mb/s)，端到端时延缩短为4G的1/5。

(3) 在可接入方面，可联网设备的数量增加10～100倍。

(4) 在可靠性方面低功率MMC(机器型设备)的电池续航时间增加10倍。

由此可见，5G会在方方面面超越4G，实现真正意义的融合性网络。

2.5.2　5G通信关键技术

1. 高频段传输

根据工信部2018年10月份下发的通知，明确了我国的5G初始中频频段为3.3～3.6 GHz、4.8～5 GHz，同时24.75～27.5 GHz、37～42.5 GHz高频频段正在征集意见，目前国际上主要使用28 GHz进行试验，这也有可能成为5G最先商用的频段。

2. 新型多天线传输

MIMO就是多根天线发送多根天线接收。由于5G工作在高频段，所以根据天线特性，天线长度应与波长成正比，大约在1/10～1/4之间，频率越高，波长越短，天线也就跟着变短。5G手机天线也可变成毫米级，这使得多根天线制作成为现实。

3. D2D技术

5G时代，同一基站下的两个用户如果互相进行通信，他们的数据将不再通过基站转发，而是直接手机到手机。这就节约了大量的空中资源，也减轻了基站的压力。

4. 密集网络覆盖技术

基站有两种：宏基站和微基站，宏基站体积较大，5G时代用的是微基站，到处都能装，随处可见。基站越小巧，数量越多，覆盖就越好。

5. 新型网络架构

在基站上面布设天线阵列，通过对射频信号相位的控制，使得相互作用后的电磁波的波瓣变得非常狭窄，并指向它所服务的手机，而且能根据手机的移动而转变方向。这种空间复用技术由全向的信号覆盖变为了精准指向性服务，波束之间就不会干扰，从而可以在相同的空间中提供更多的通信链路，极大地提高基站的服务容量。

技能训练 4　U817 TD-SCDMA GSM 智能机拆机方法

技能训练 4、5

一、训练目的

（1）掌握智能手机的构造。

（2）掌握智能手机拆装技能，能对常见智能手机进行简单拆装。

二、训练器材

智能手机、综合开启工具、台灯放大镜、电吹风、毛刷等。

三、训练步骤

1. 智能手机的构造

以中兴 U817 手机为例，其外观如图 2－14 所示。

图 2－14　智能手机外观

中兴 U817 手机分解图如图 2-15 所示。

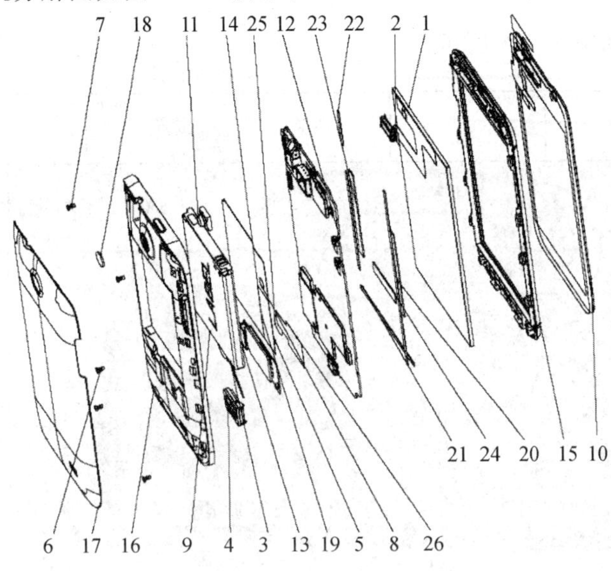

图 2-15　手机分解图

分解图中各数字指示的部件名称如表 2.4 所示。

表 2.4　分解图中各数字指示的部件名称

序　号	部件名称	序　号	部件名称
1	显示模组	15	前壳
2	受话器	16	后壳
3	马达	17	电池壳
4	喇叭	18	摄像头镜片
5	防拆标贴	19	手机型号标贴
6	螺钉	20	LCD 背胶 01
7	螺钉	21	LCD 背胶 02
8	防水标贴	22	LCD 背胶 03
9	电池	23	LCD 导电泡棉 01
10	触摸屏组件	24	LCD 导电泡棉 02
11	摄像头模组	25	马达背胶
12	主板	26	子板导电背胶
13	子板		
14	入网标贴		

2. 专用开机工具

专用开机工具如图 2 - 16 所示。

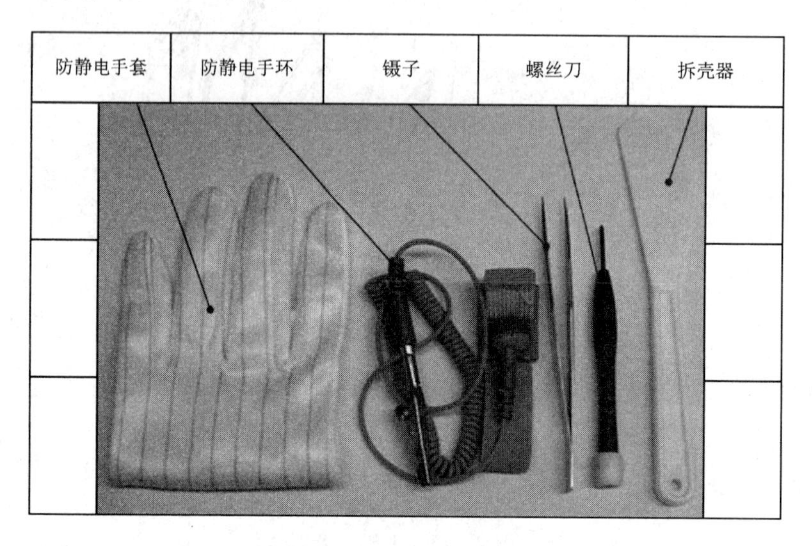

图 2 - 16　专用开机工具

3. 拆机流程

拆机流程如 2 - 17 所示。

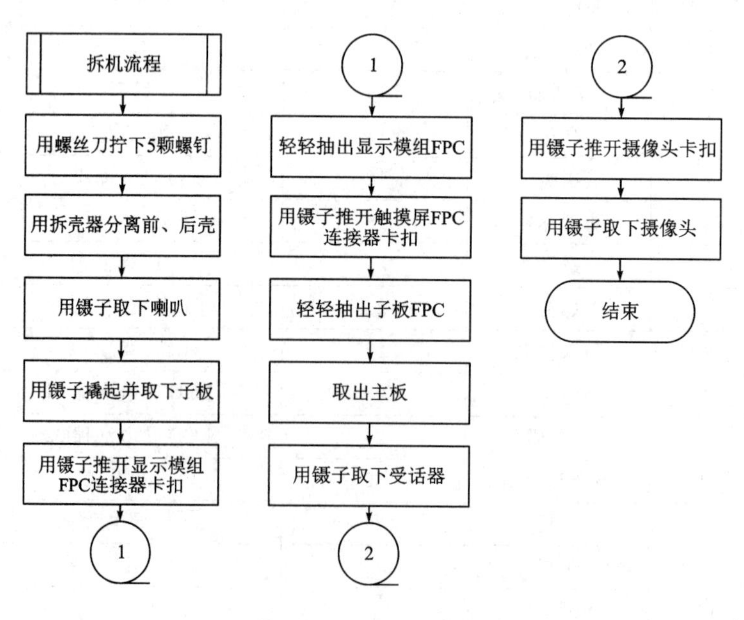

图 2 - 17　拆机流程图

4. 拆机步骤(拆机时注意不要磨损到 LCD)

(1) 拆机前输入 * 983 * 70 # 功能测试指令，目测 LCD、铃音、振动、按键等是否正常。安卓智能手机的测试指令详见附录 B。

(2) 用螺丝刀拧下图 2 - 18 所示的 5 颗螺钉。

图 2 - 18　拆螺钉

(3) 用拆壳器分离前壳与后壳，如图 2 - 19 所示，注意卡扣的位置。

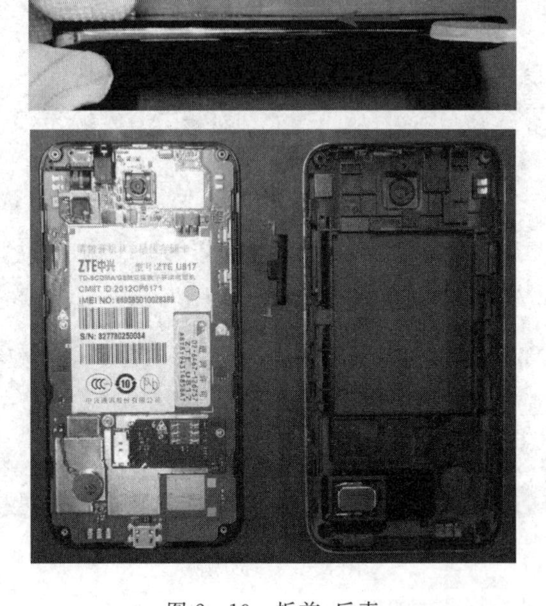

图 2 - 19　拆前、后壳

(4) 用镊子取下喇叭，如图 2 - 20 所示。

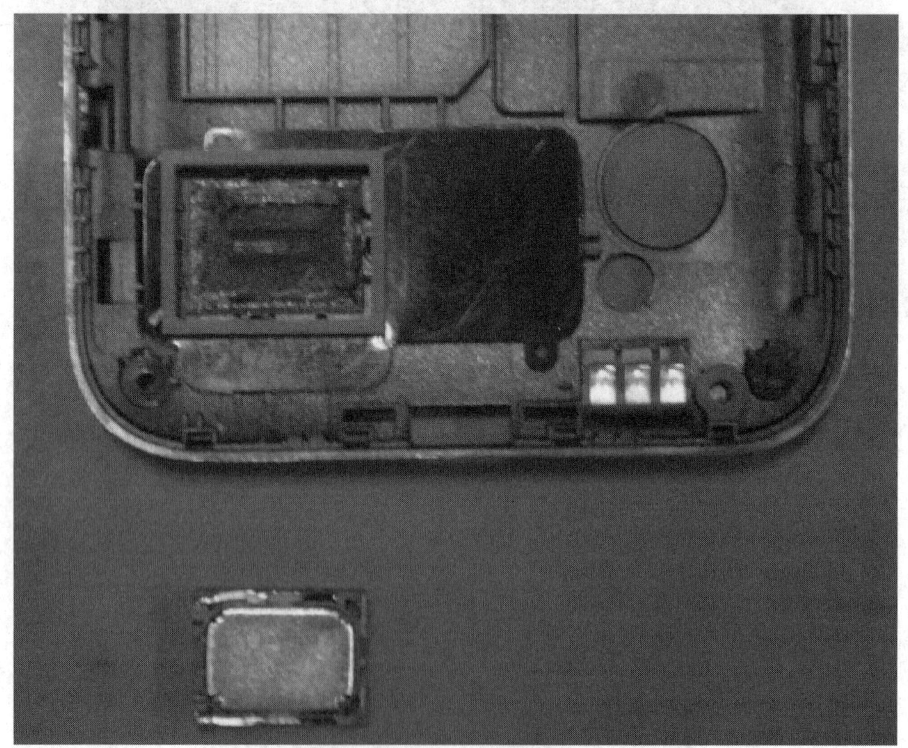

图 2 - 20　拆喇叭

(5) 用镊子撬起并取下子板，如图 2-21 所示。

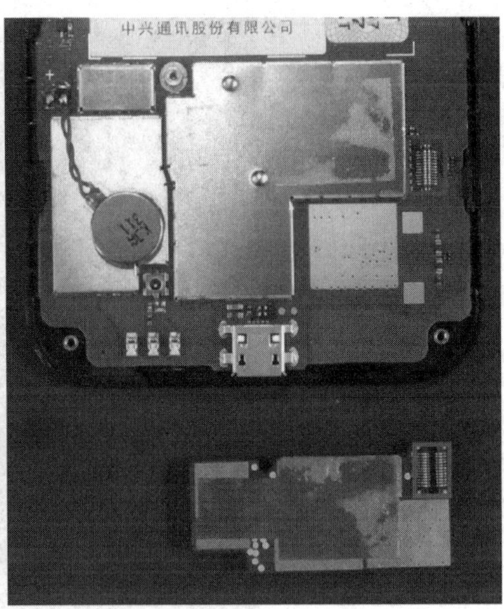

图 2-21　拆子板

(6) 用镊子推开显示模组 FPC 连接器卡扣，如图 2-22 所示。

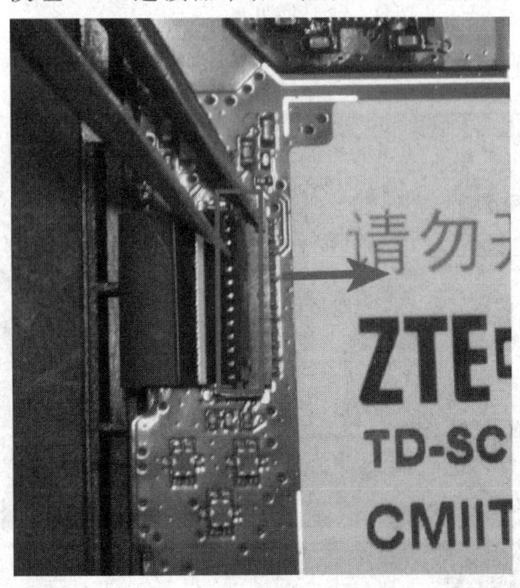

图 2-22　推显示模组 FPC 连接器

(7) 轻轻抽出显示模组 FPC，如图 2－23 所示。

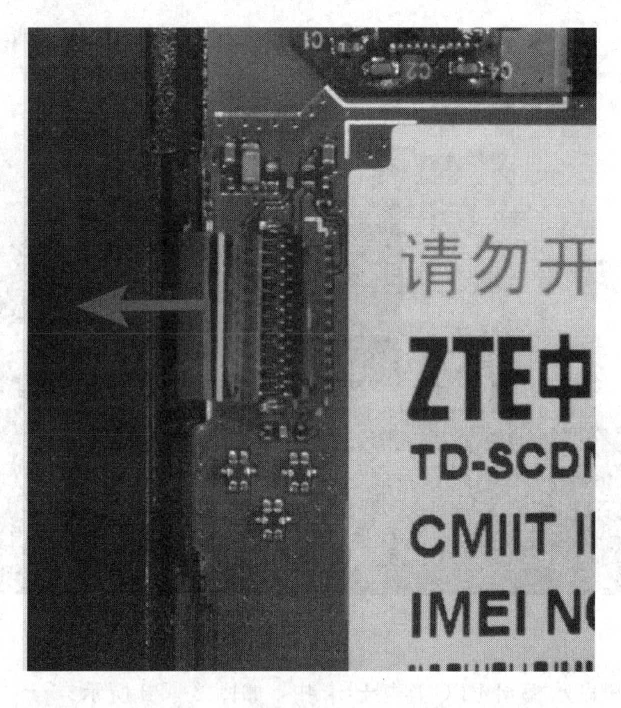

图 2－23　抽出显示模组 FPC

(8) 用镊子推开触摸屏 FPC 连接器卡扣，如图 2－24 所示。

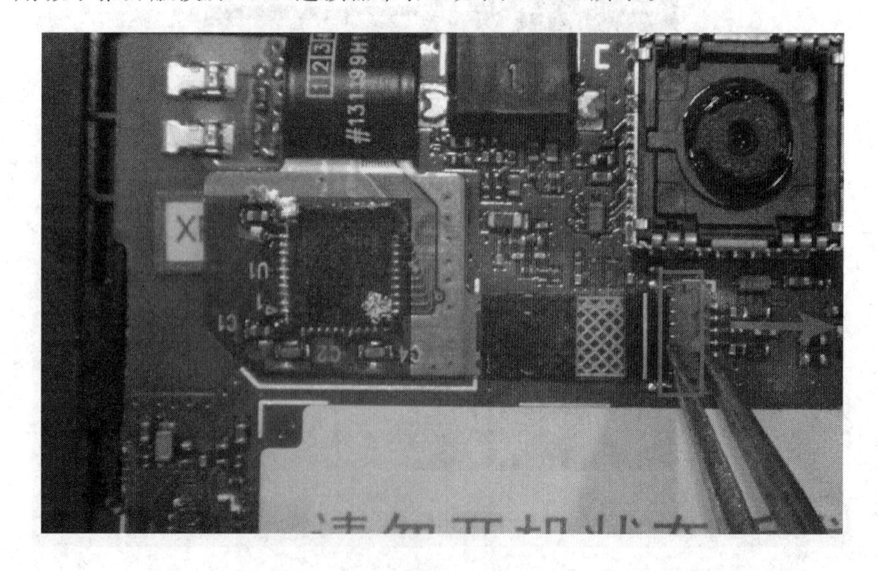

图 2－24　推触摸屏 FPC 连接器

(9) 轻轻抽出子板 FPC，如图 2-25 所示。

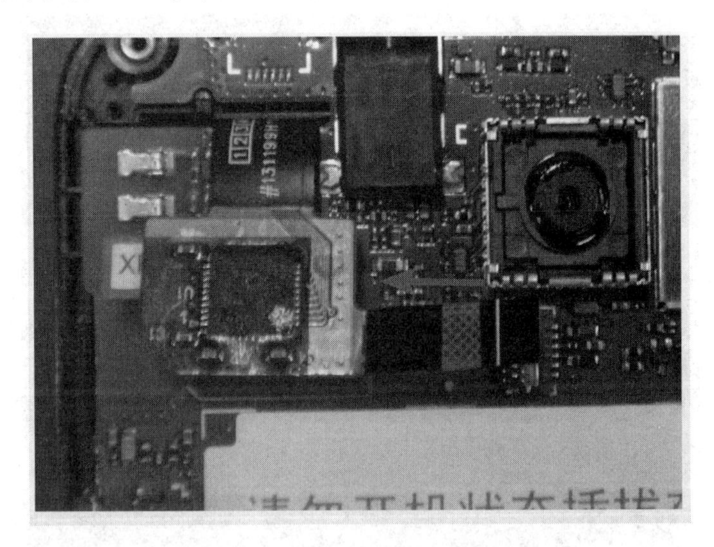

图 2-25　抽出子板 FPC

(10) 取出主板，如图 2-26 所示。

图 2-26　取主板

(11) 用镊子取下受话器，如图 2 - 27 所示。

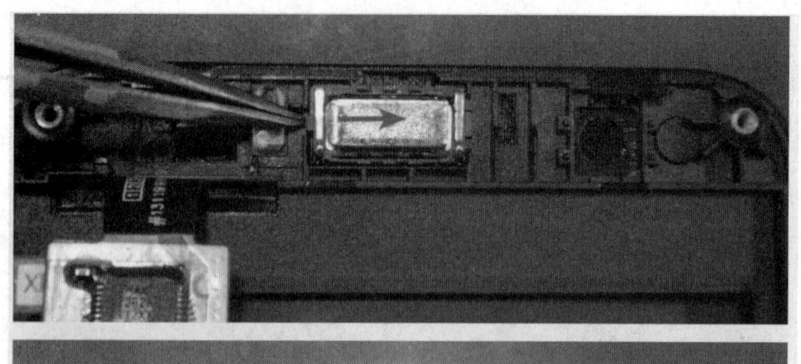

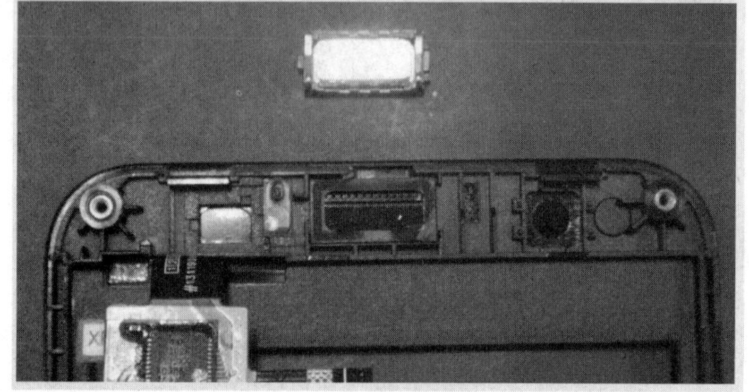

图 2 - 27　取受话器

(12) 用镊子推开摄像头卡扣，如图 2 - 28 所示。

图 2 - 28　推摄像头卡扣

(13) 用镊子取下摄像头，如图 2-29 所示。

图 2-29　取摄像头

至此，拆机步骤结束。

5. 整机构成

整机构成如图 2－30 所示。

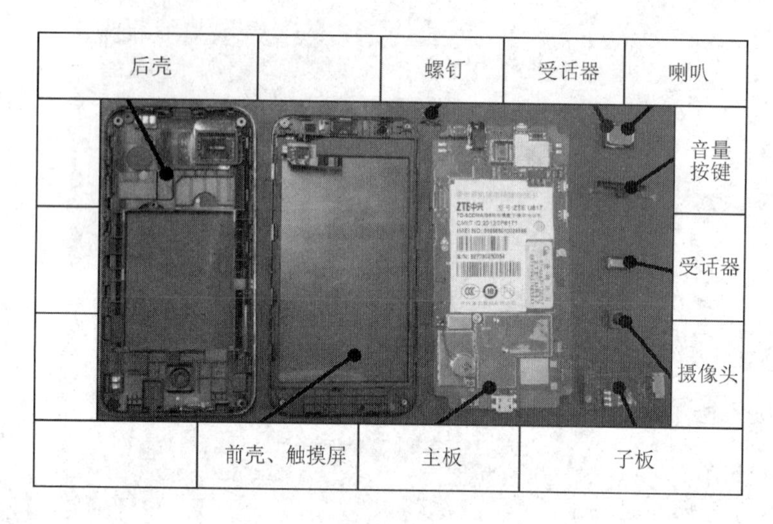

图 2－30　整机构成图

主板正面图如图 2－31 所示。

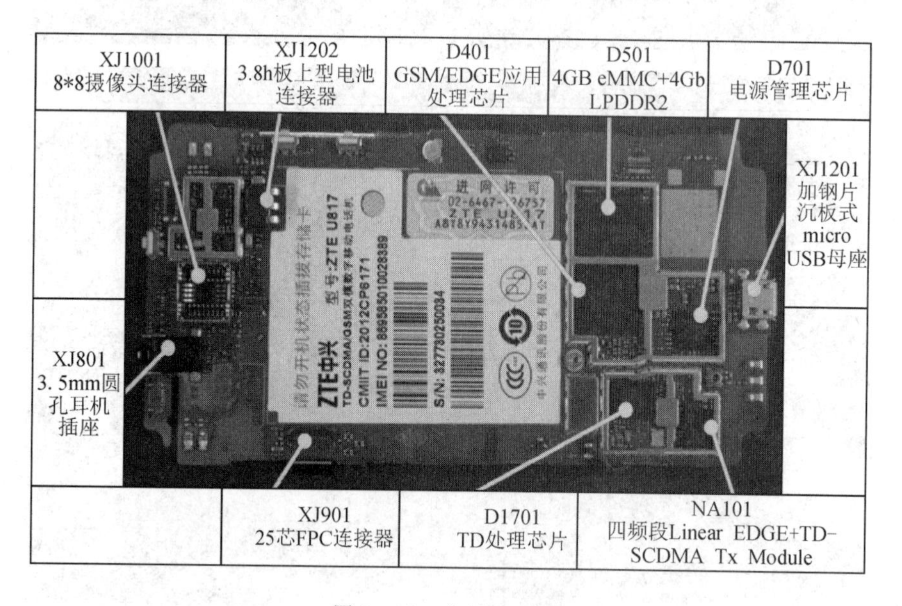

图 2－31　主板正面图

主板反面图如图 2－32 所示。

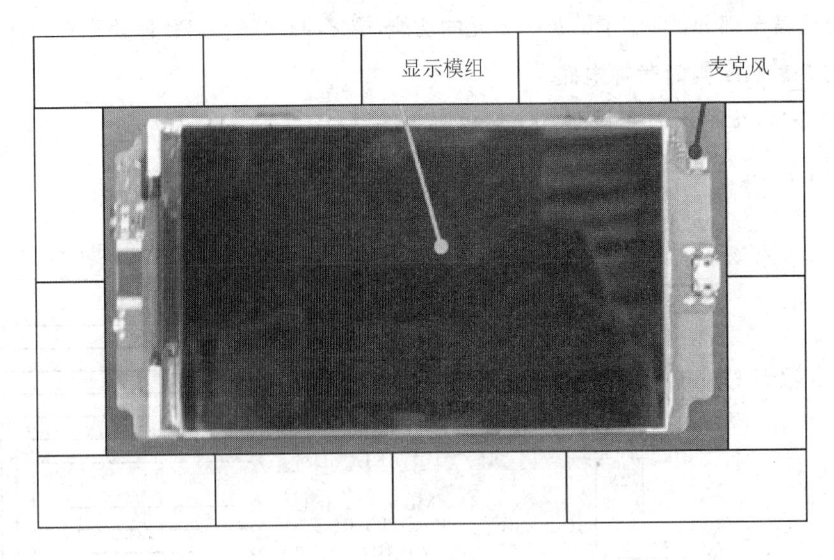

图 2-32　主板反面图

拆机后，仔细观察各个部件的特征，辨认 PCB 上的电源芯片、CPU、字库、射频处理器、功率放大器、晶振。装机过程与拆机相反。

技能训练 5　MT6517 原理图解读

一、训练目的

（1）读懂 1G 双核 MT6517 平台分解原理图。

（2）提高学生的读图能力，提高对手机故障的分析、排除能力。

二、训练器材

MT6517 方案原理图(原理框图详见附录 C)。

三、训练步骤

规范的原理图信号走向是有规定的，一般来说原理图的左方是信号的入口，右方是信号的出口。如果整机电路图是由多张图纸组成的，一般情况下都有图纸编号，图纸编号的顺序就是整机的工作流程。

读图方法为：一是根据主信号的走向，即信号从哪里来去向哪里，一一进行检查；二是把原理图细分成若干部分，仔细了解每一单元的功能，综合起来就会对整体功能有大体了解。

1. 32.768 kHz 实时时钟电路

32.768 kHz 实时时钟电路如图 2-33 所示。

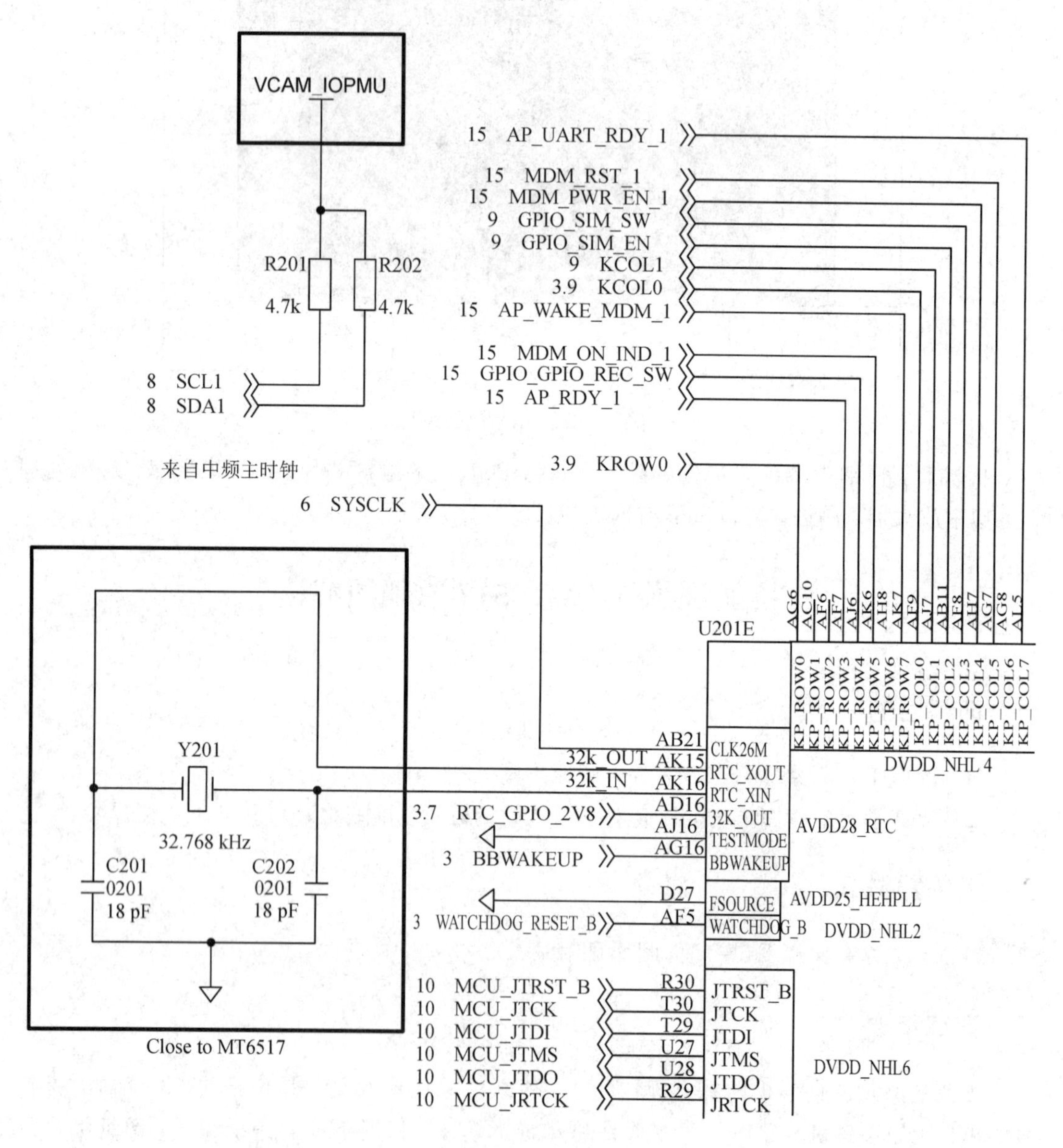

图 2-33　32.768 kHz 实时时钟电路

32.768 kHz 实时时钟电路开关机时都工作，主要由晶振 Y201、谐振电容 C201、C202 组成，它们靠近处理器 U201，处理器的 AK16 脚为实时时钟 32.768 kHz 信号输入脚，AK15 为输出脚。用示波器探头接触电容 C201 或 C202 的非地端，调节幅度和扫描时间旋钮，可见正弦波波形。如无波形，则说明手机未开机。电容 C201、C202 在电路中非常重要，不可拆掉，否则会影响电路的稳定性。

2. USB 内部收发器供电电路

USB 内部收发器供电电路如图 2-34 所示。

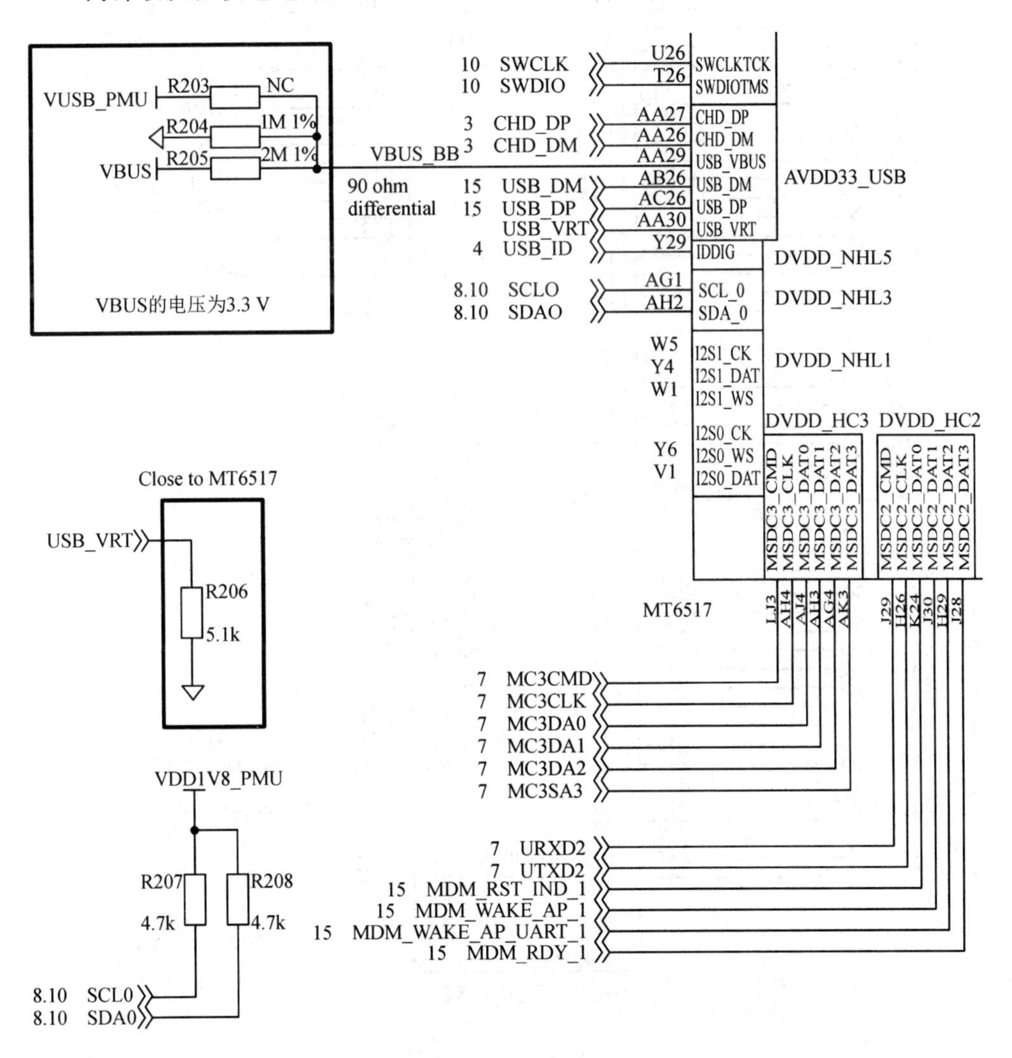

图 2-34　USB 收发器供电

3. U201F 电路

U201F 电路如图 2-35 所示。

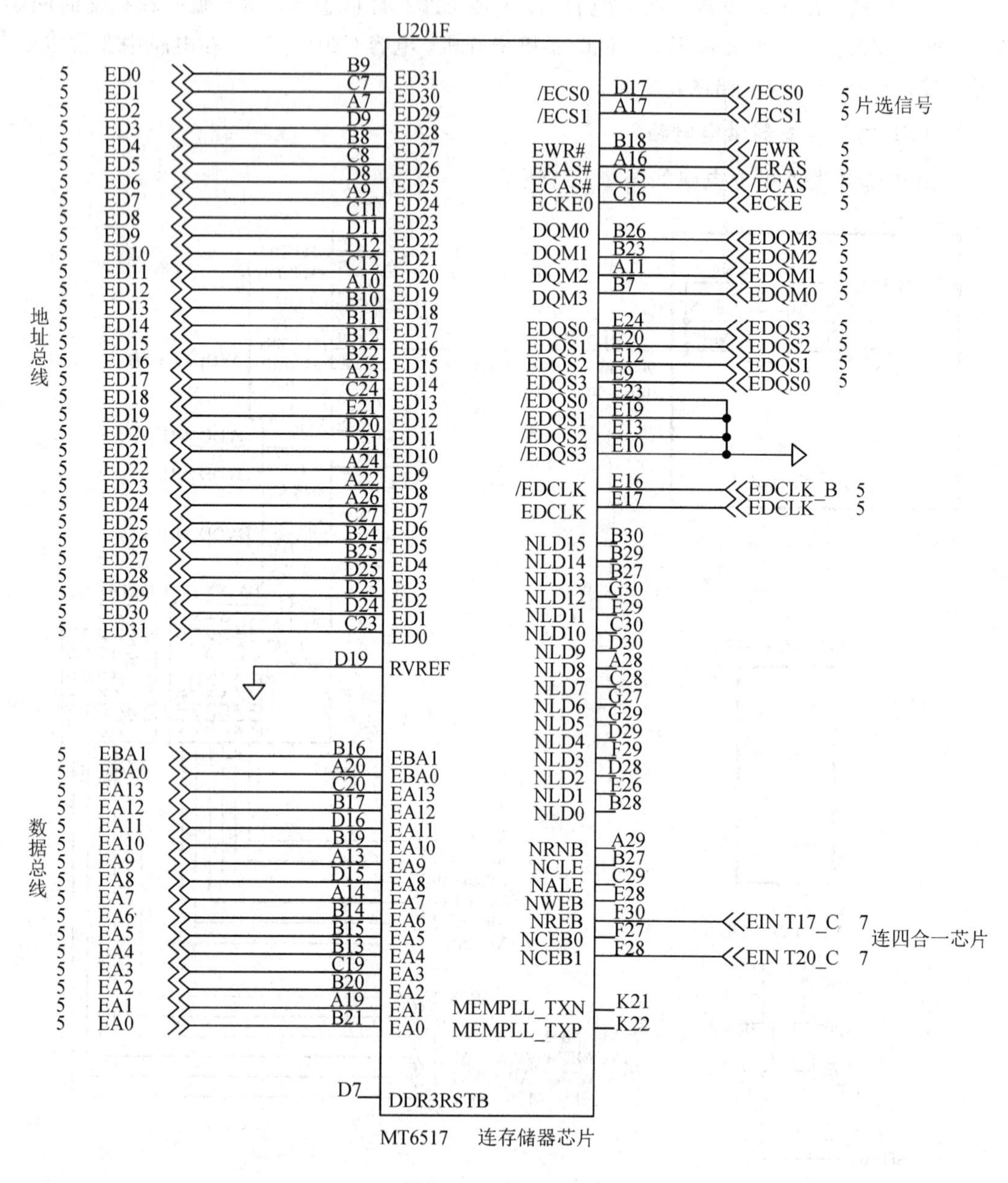

图 2-35 U201 电路

4. 电池接口及充电电路

电池接口及充电电路如图 2-36 所示。

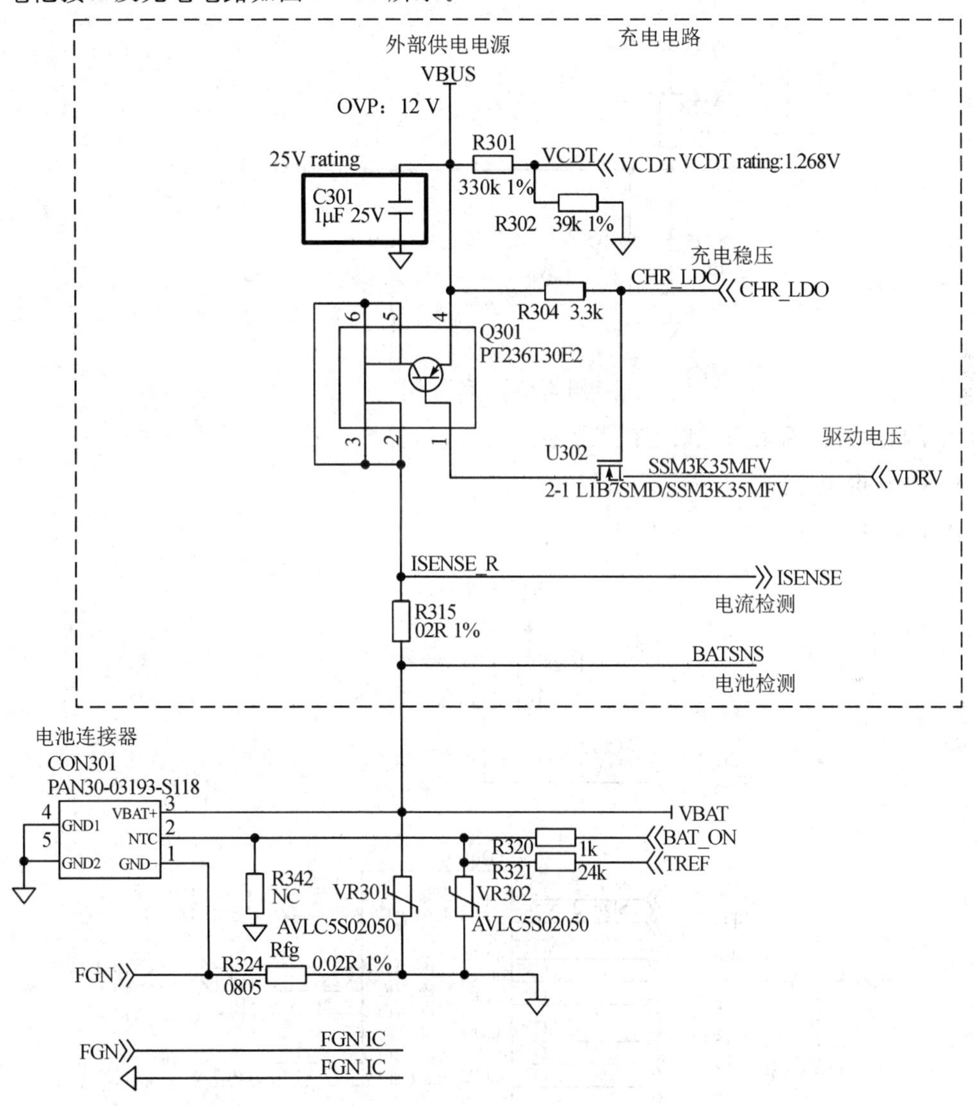

图 2-36 电池接口及充电电路

应用处理器输出控制信号启动充电电路对电池进行充电，电池电压逐渐上升，上升到一定值后 Q301 三极管截止，这时充电电流下降到 20 mA，经电流检测端检测到后会向应用处理器发出“电池已满”的信息，应用处理器收到后向控制电路发出关闭充电的指令，手机停止充电，充电完成。

5. 振动电路

振动电路如图 2－37 所示。

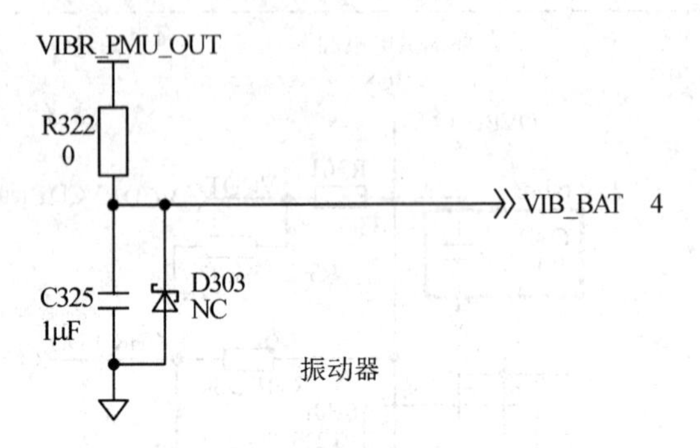

图 2－37　振动电路

当手机设置为振动模式时，在需要振动时 CPU 发出信号控制马达振动。

6. CPU 供电电路

CPU 供电电路如图 2－38 所示。

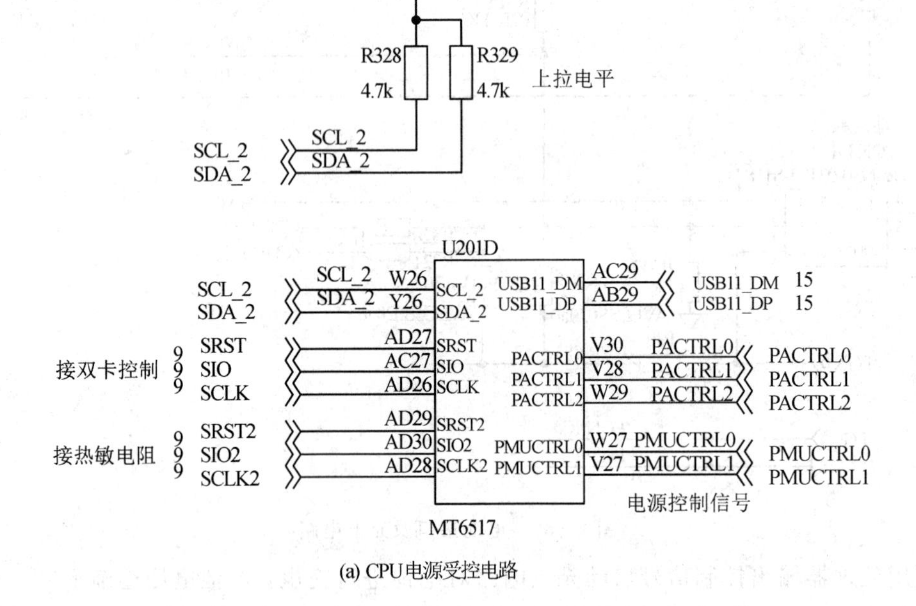

(a) CPU电源受控电路

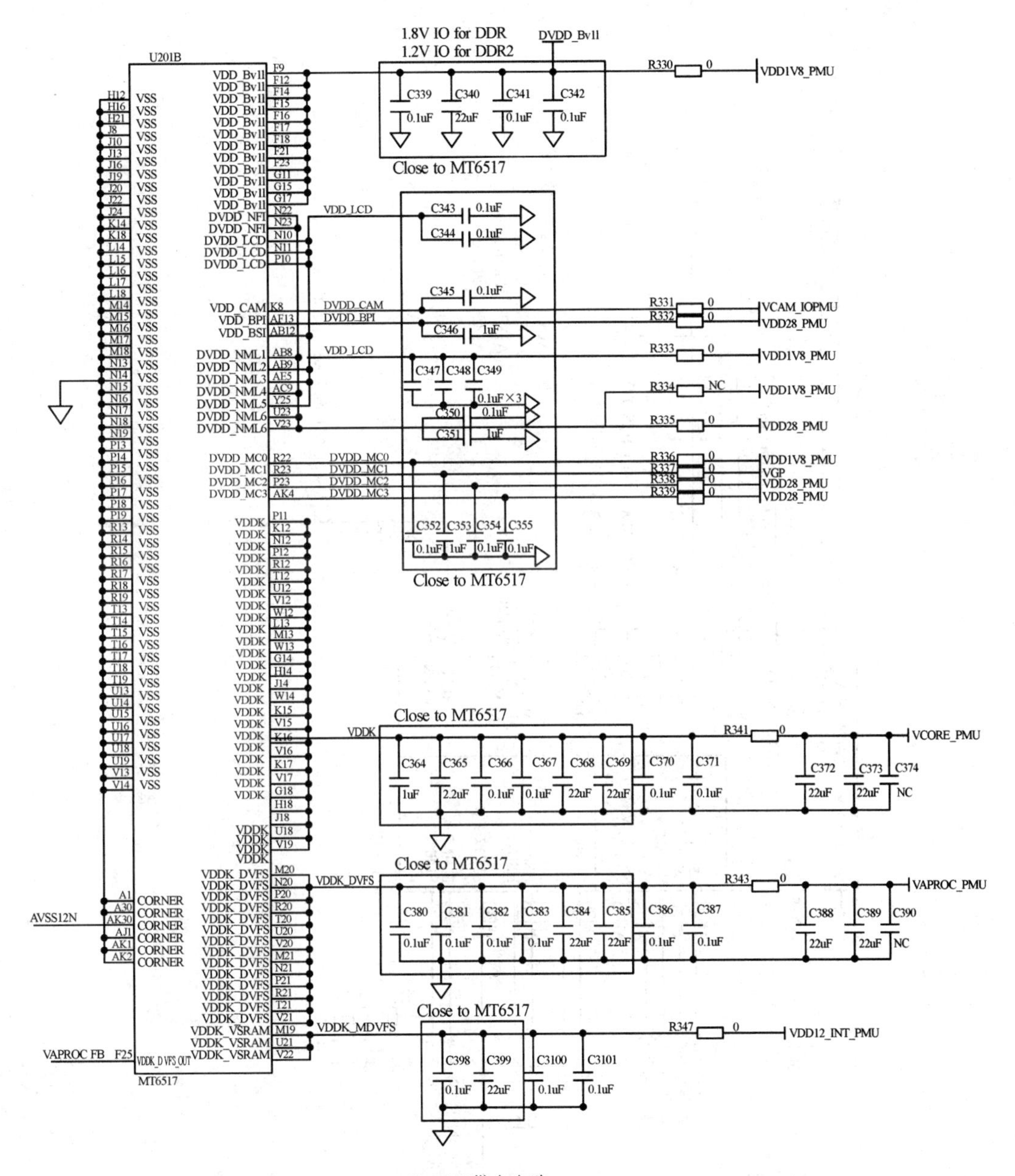

(b) CPU供电电路

图 2－38　CPU 供电电路

7. 受话器电路

受话器电路如图 2－39 所示。

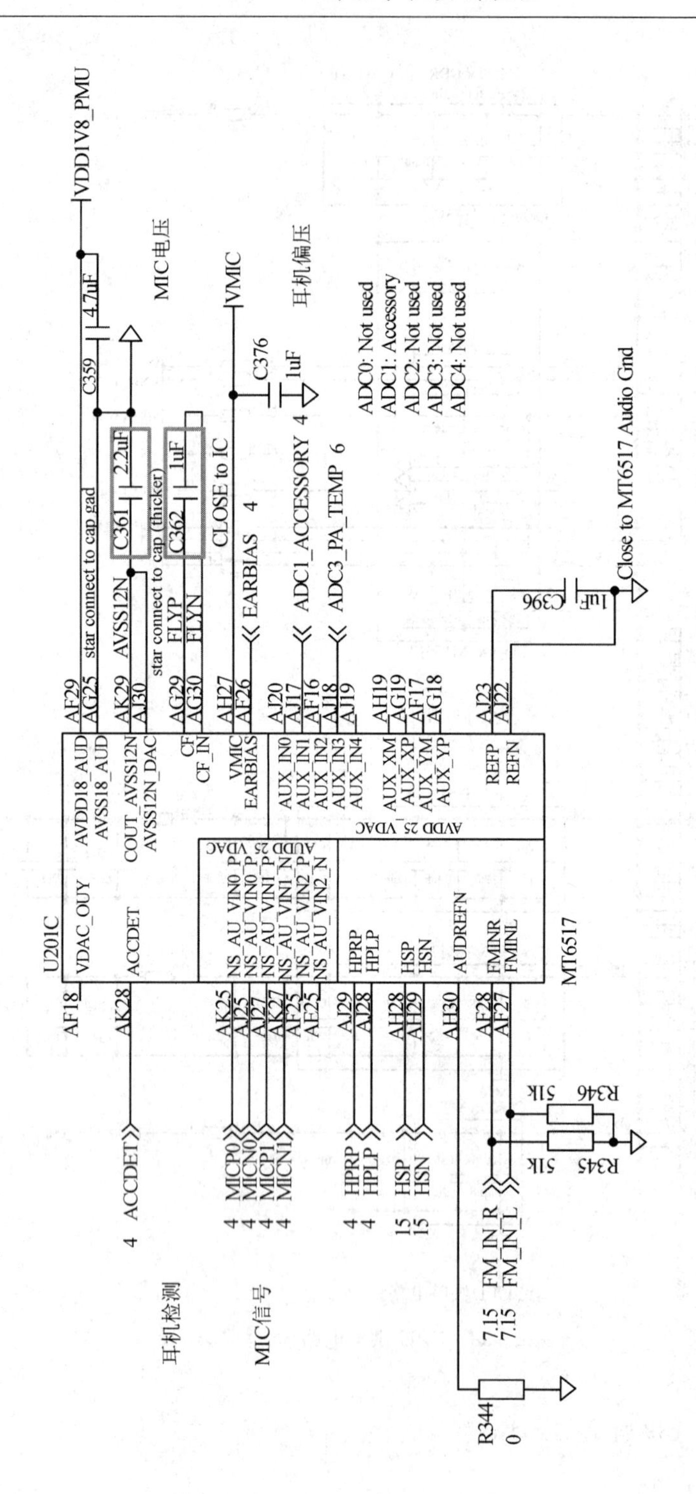
VDD1V8_PMU
MIC电压
VMIC
耳机偏压
C359
4.7uF
C376
1uF
C361
2.2uF
C362
1uF
star connect to cap gnd
star connect to cap (thicker)
CLOSE to IC
EARBIAS 4
ADC1_ACCESSORY 4
ADC3_PA_TEMP 6
ADC0: Not used
ADC1: Accessory
ADC2: Not used
ADC3: Not used
ADC4: Not used
C396
1uF
Close to MT6517 Audio Gnd
U201C
MT6517
VDAC_OUY
ACCDET
AVDD18_AUD
AVSS18_AUD
COUT_AVSS12N
AVSS12N_DAC
CF
CF_IN
VMIC
EARBIAS
AUX_IN0
AUX_IN1
AUX_IN2
AUX_IN3
AUX_IN4
AUX_XM
AUX_XP
AUX_YM
AUX_YP
AVDD 25_VDAC
REFP
REFN
AUDD 25_VDAC
NS_AU_VIN0_P
NS_AU_VIN0_P
NS_AU_VIN1_P
NS_AU_VIN1_N
NS_AU_VIN2_P
NS_AU_VIN2_N
HPRP
HPLP
HSP
HSN
AUDREFN
FMINR
FMINL
耳机检测
4 ACCDET
MIC信号
4 MICP0
4 MICN0
4 MICP1
4 MICN1
4 HPRP
4 HPLP
15 HSP
15 HSN
7.15 FM_IN_R
7.15 FM_IN_L
R345
51K
R346
51K
R344
0

图 2-39　受话器电路

8. 听筒电路

听筒电路如图 2－40 所示。

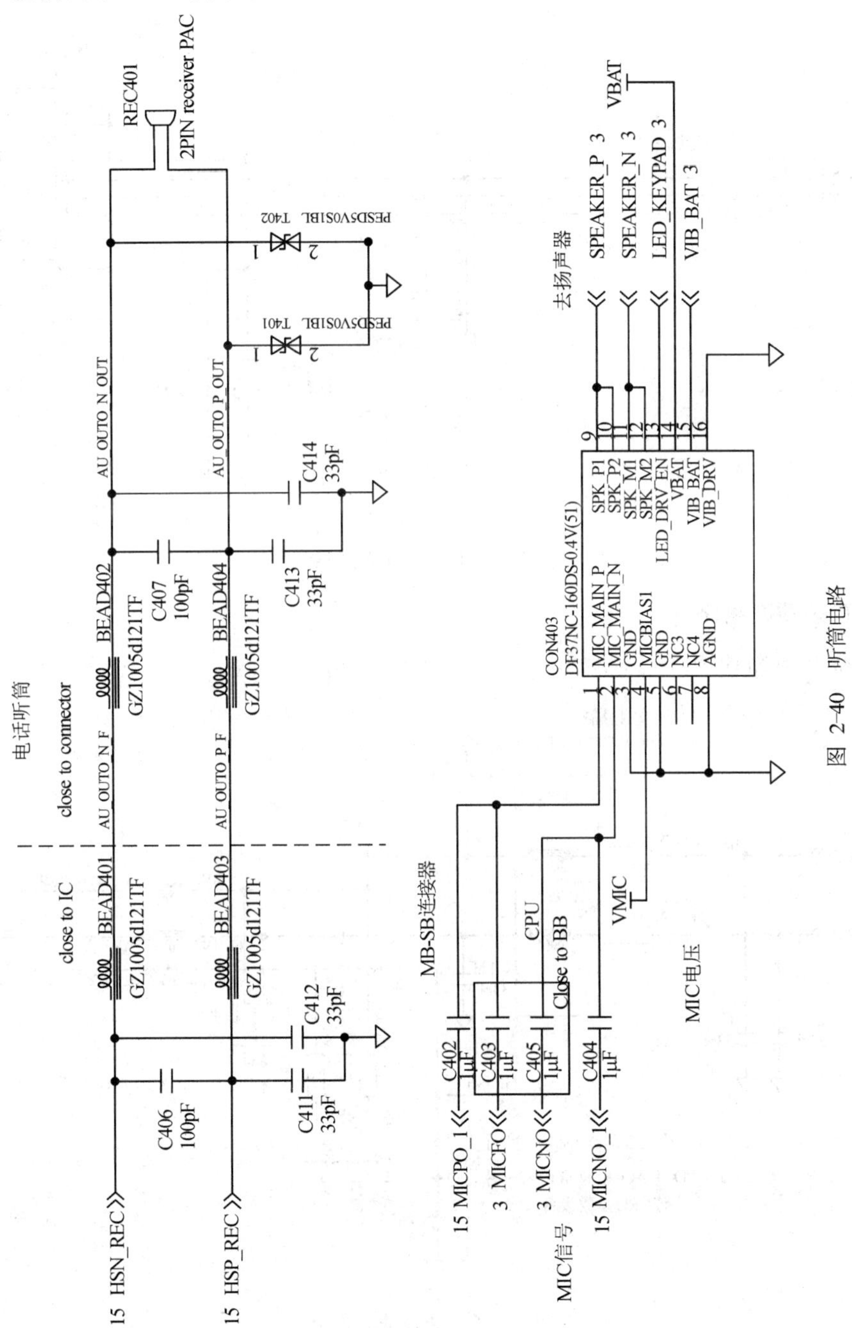

图 2-40　听筒电路

9. USB 连接座电路

USB 连接座电路如图 2 - 41 所示。

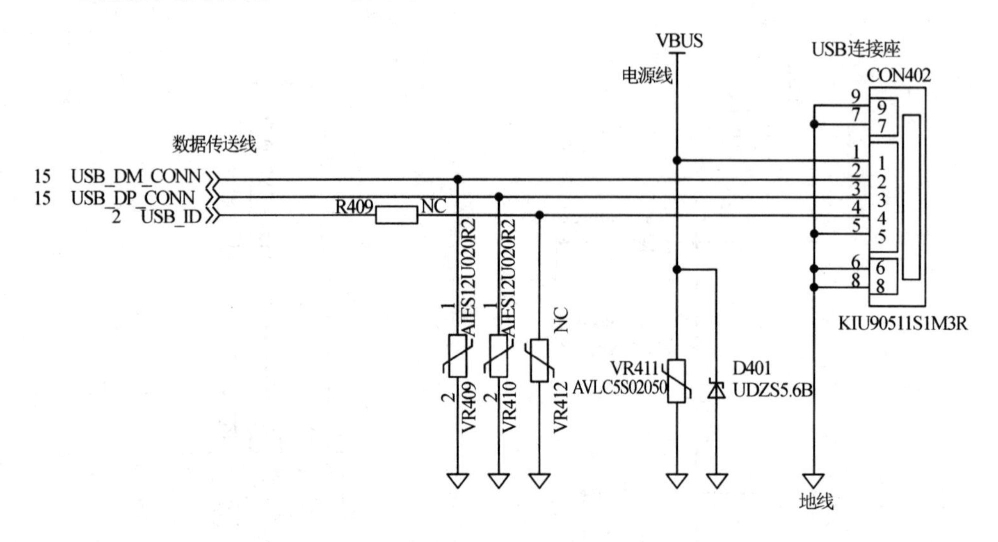

图 2 - 41　USB 连接座

10. 音频插孔电路

音频插孔电路如图 2 - 42 所示。

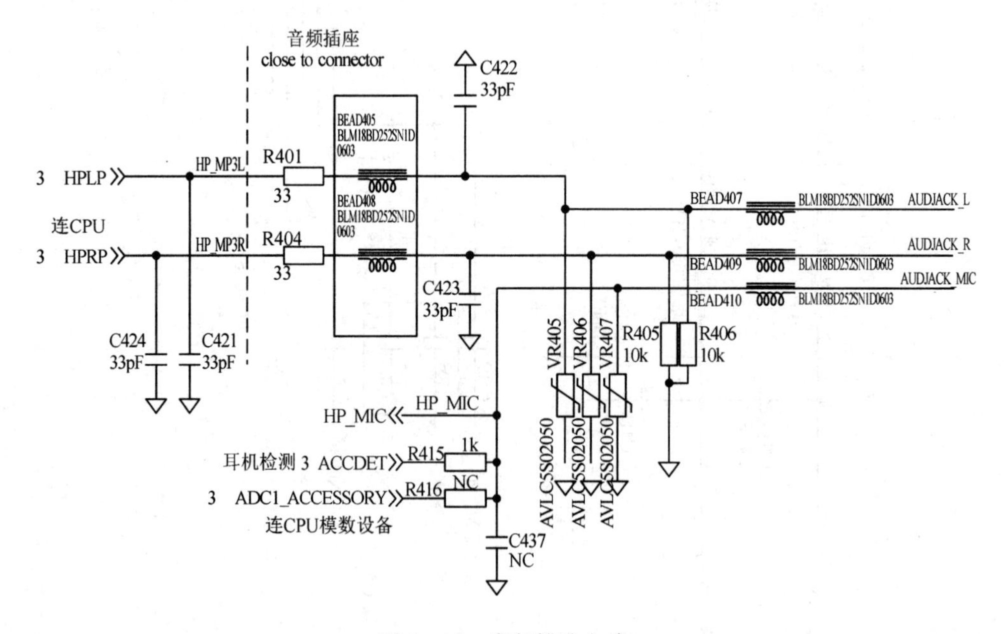

图 2 - 42　音频插孔电路

11. 存储器电路

存储器电路如图 2－43 所示。

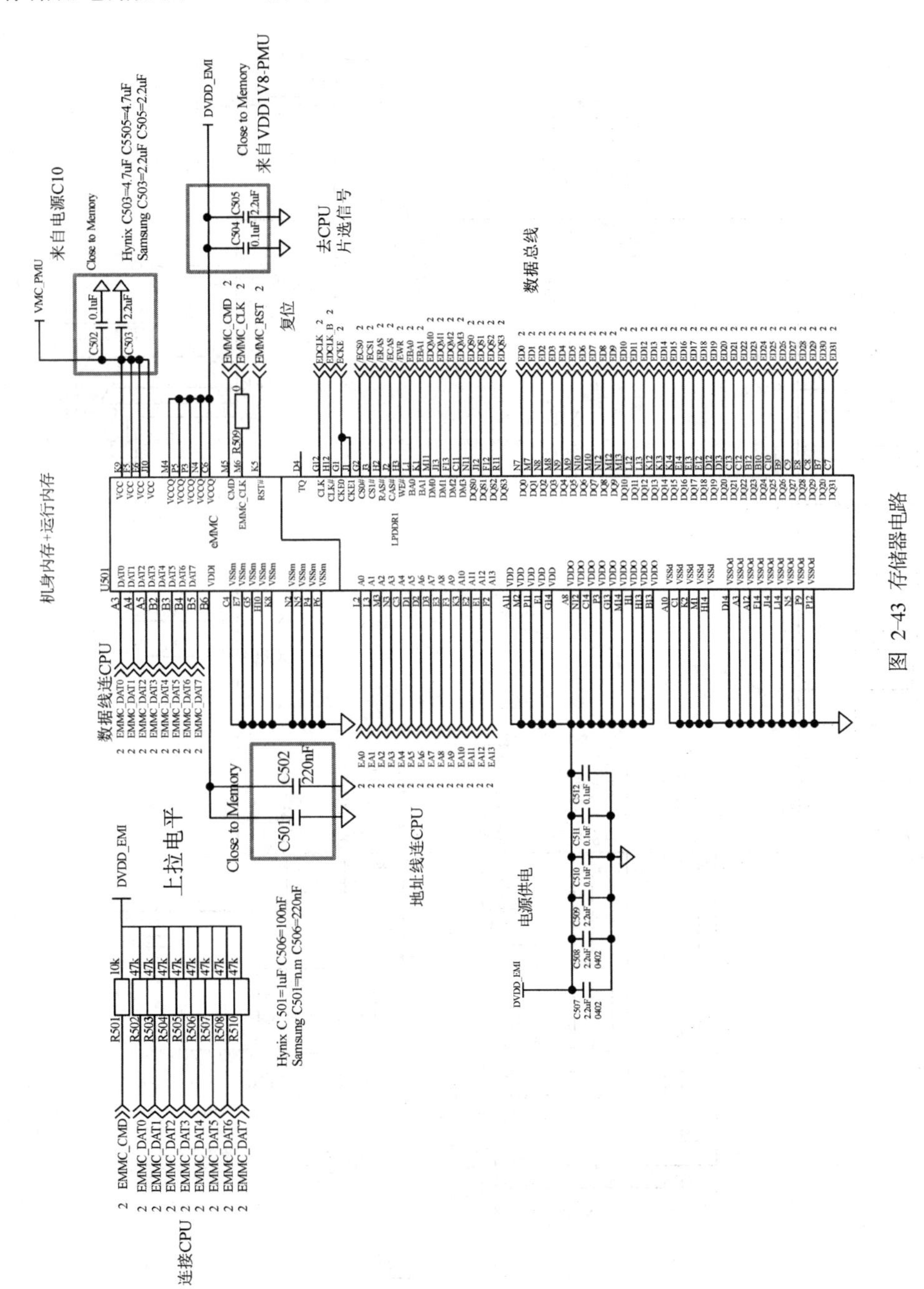

图 2-43　存储器电路

12. 中频电路

中频电路如图 2-44 所示。

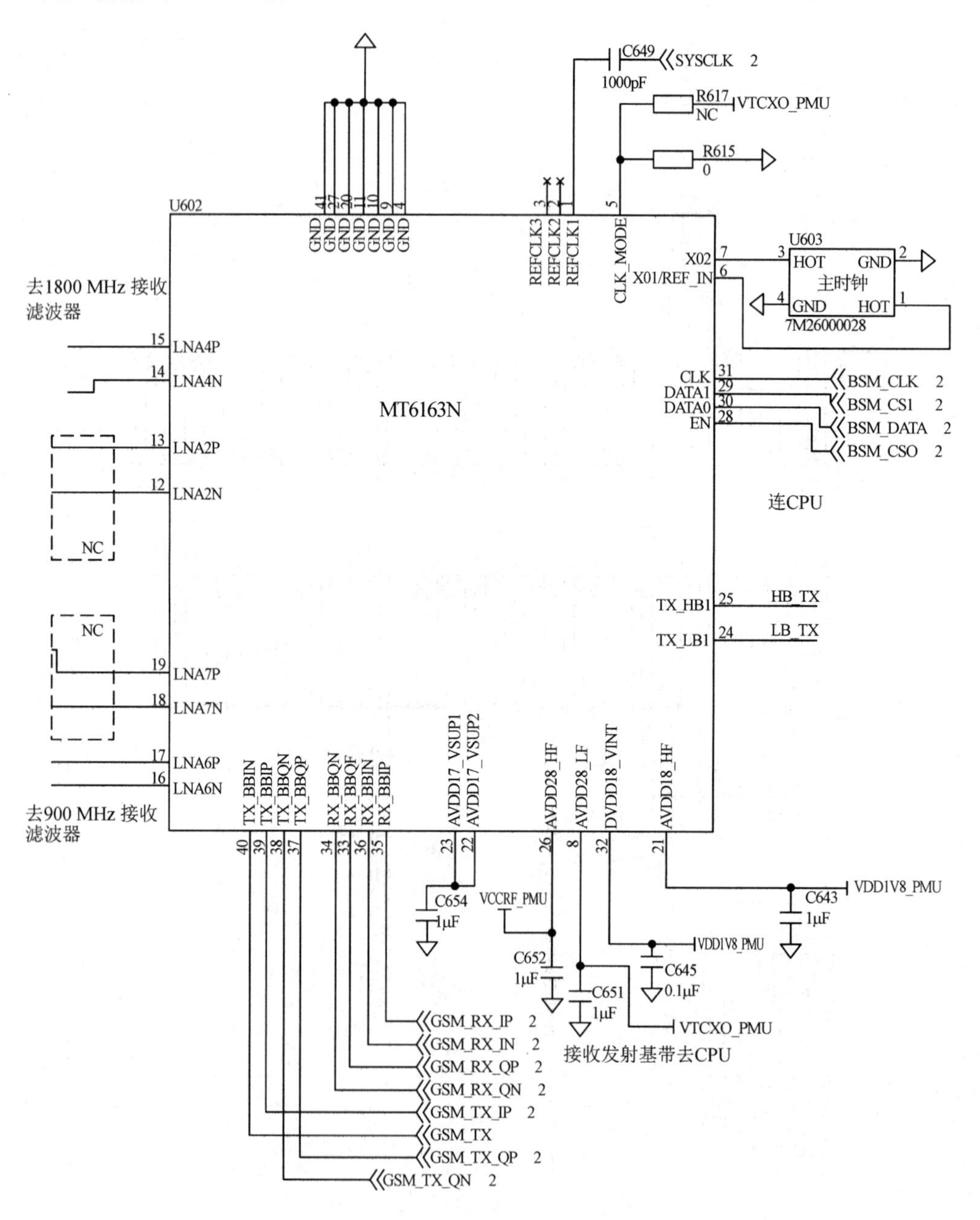

图 2-44　中频电路

13. GSM 功放电路

GSM 功放电路如图 2－45 所示。

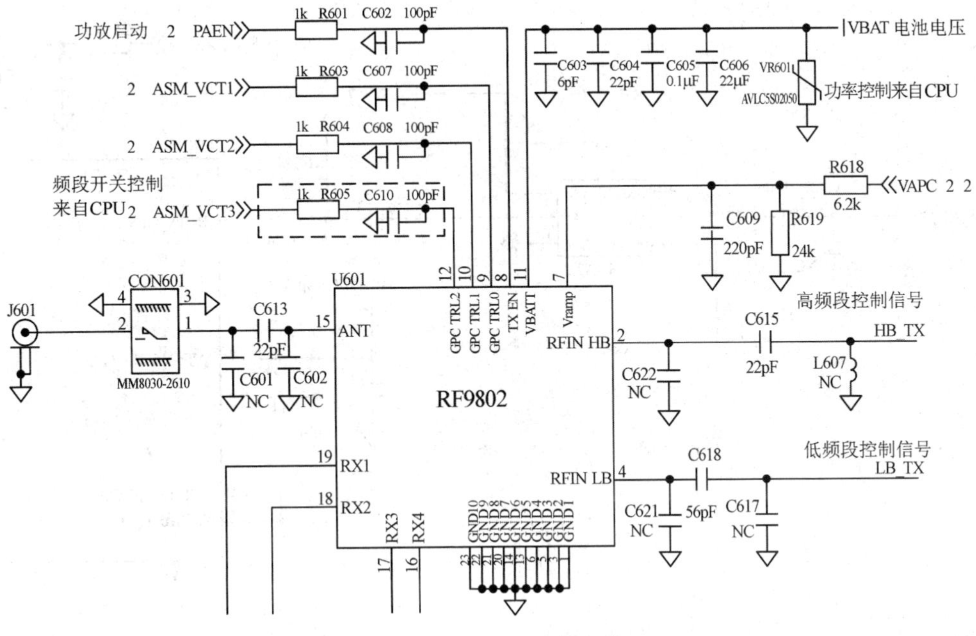

图 2－45　GSM 功放电路

14. MT6628 四合一电路

MT6628 包含 WiFi、BT、GPS、FM 电路，如图 2－46 所示。

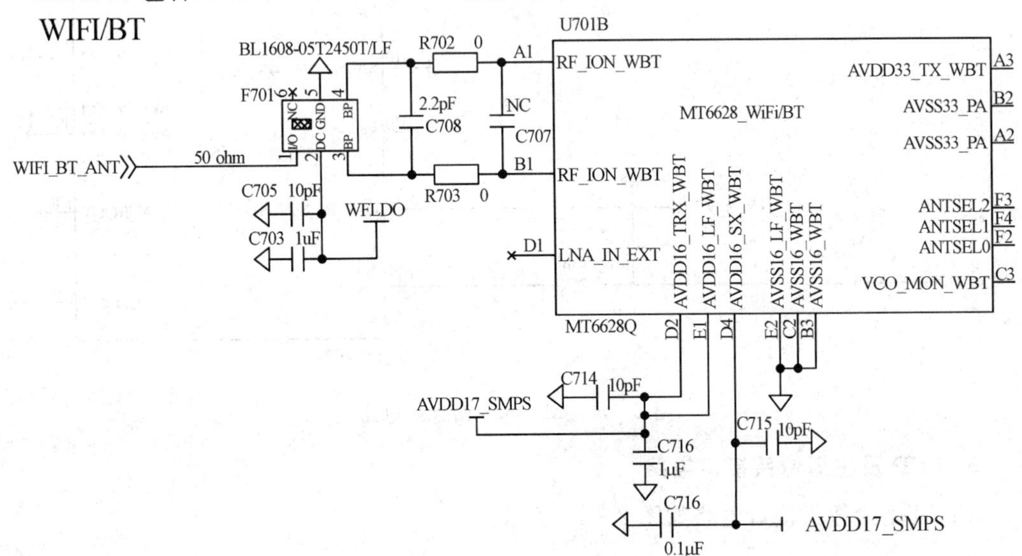

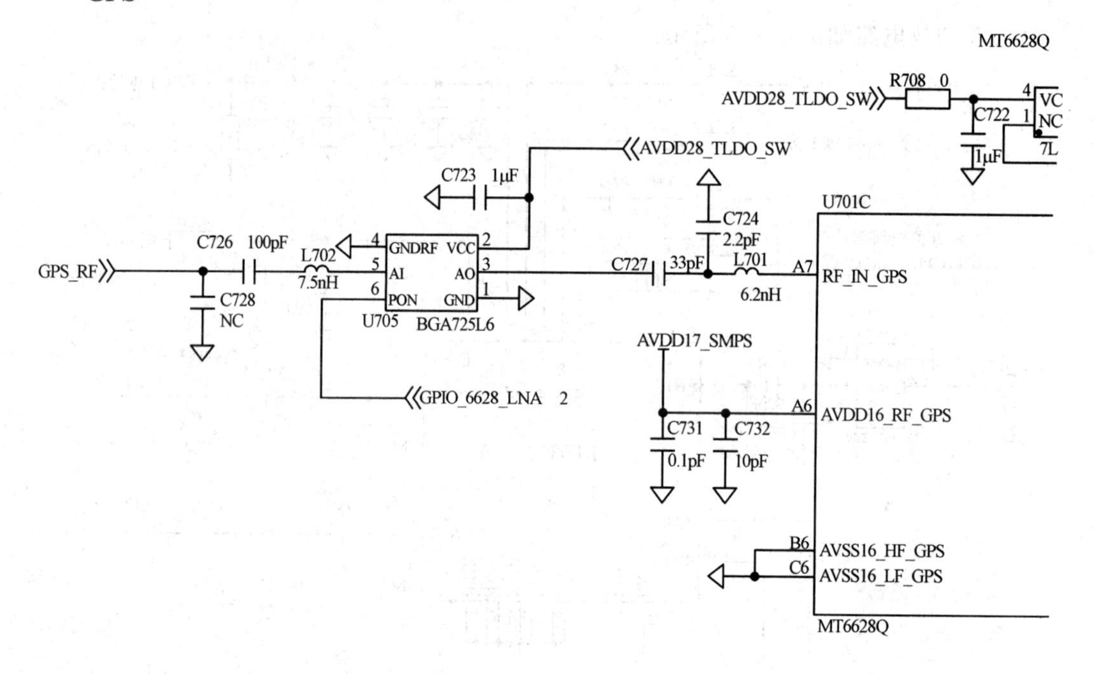

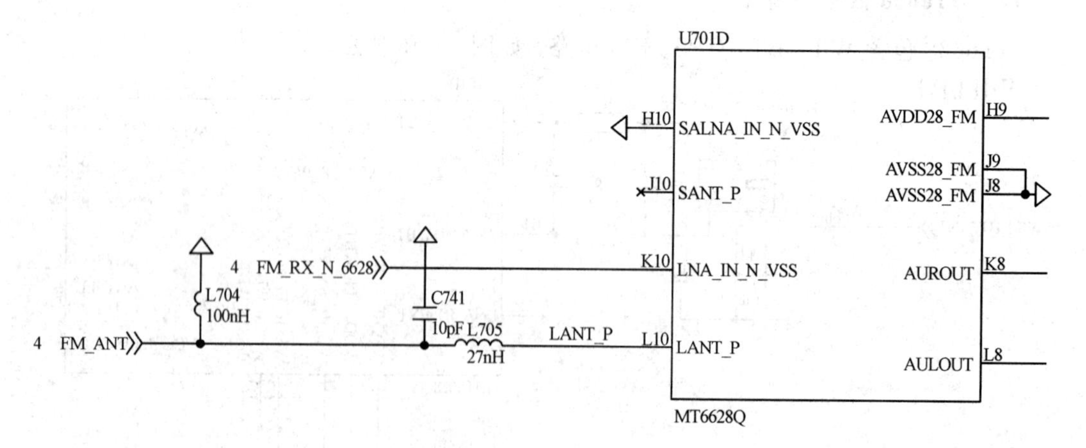

图 2-46　MT6628 四合一电路

15. LCD 及主摄像头接口电路

LCD 及主摄像头接口电路如图 2-47 所示。

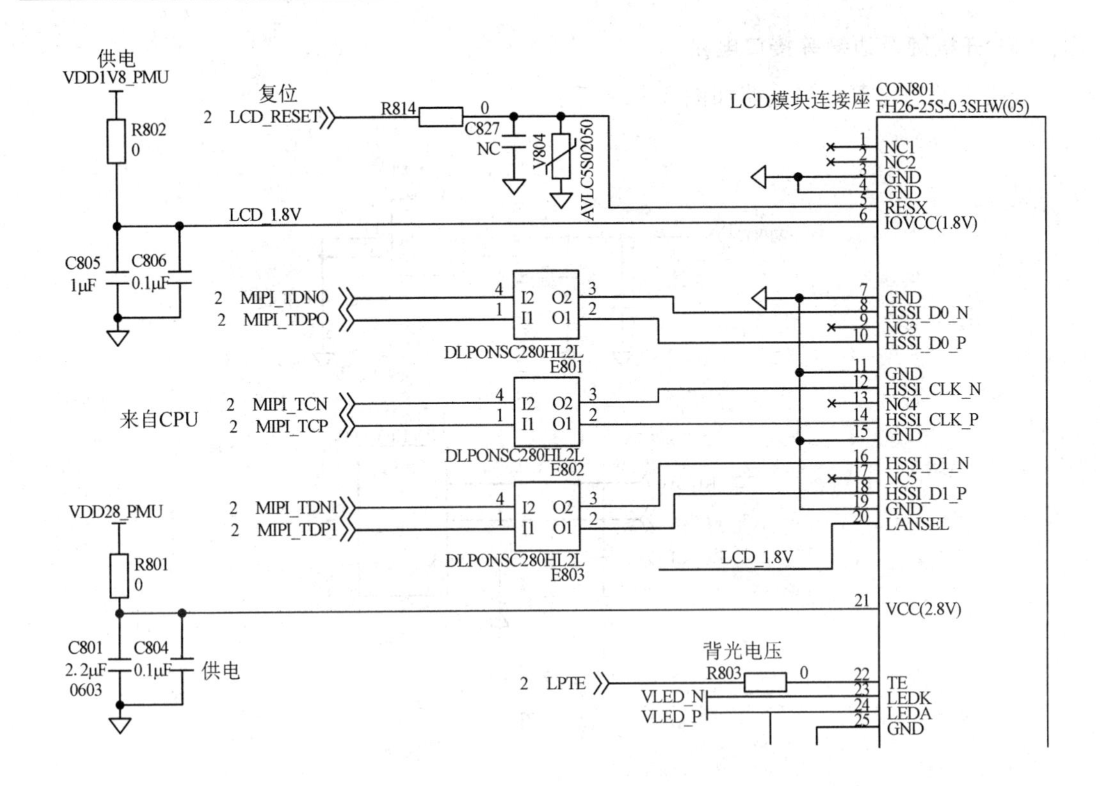

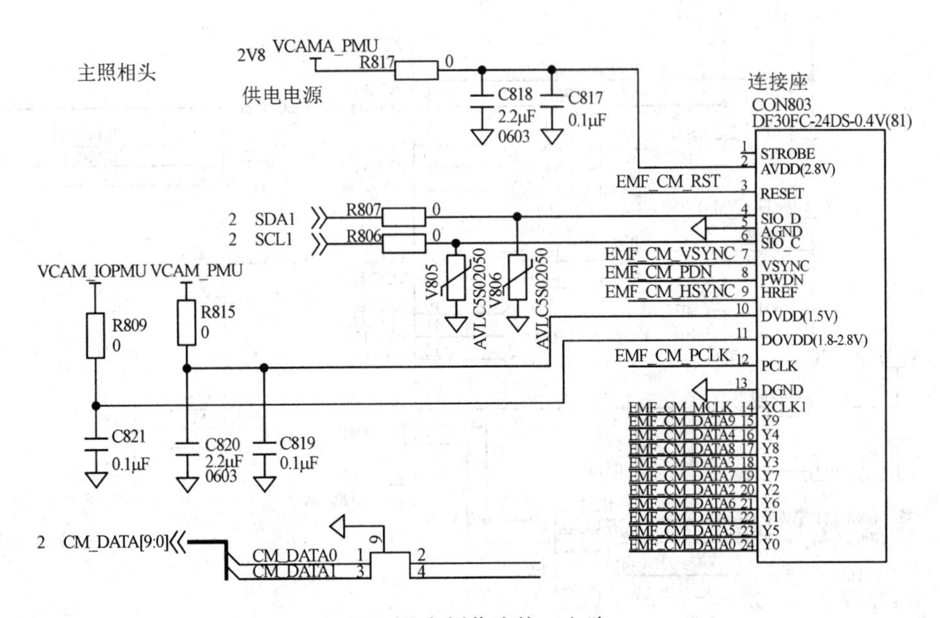

图 2-47 LCD及主摄像头接口电路

16. 开机键及边键等接口电路

开机键及边键等接口电路如图 2-48 所示。

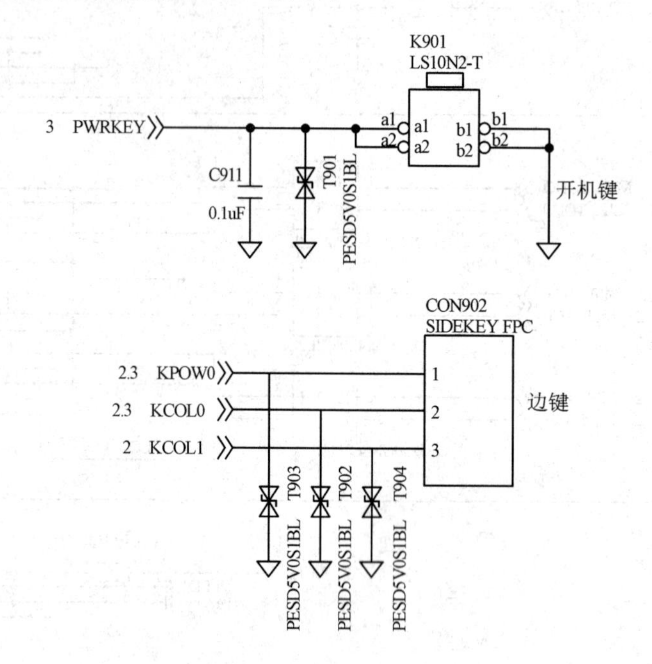

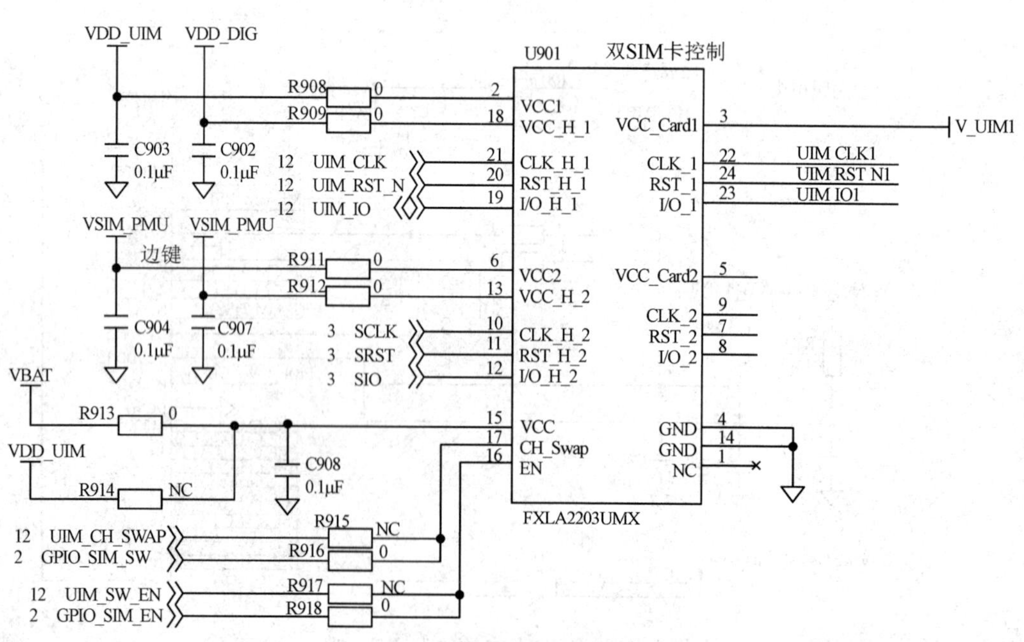

图 2-48　开机键及边键等接口电路

17. 光纤传感器及加速度传感器接口电路

光纤传感器及加速度传感器接口电路如图 2－49 所示。

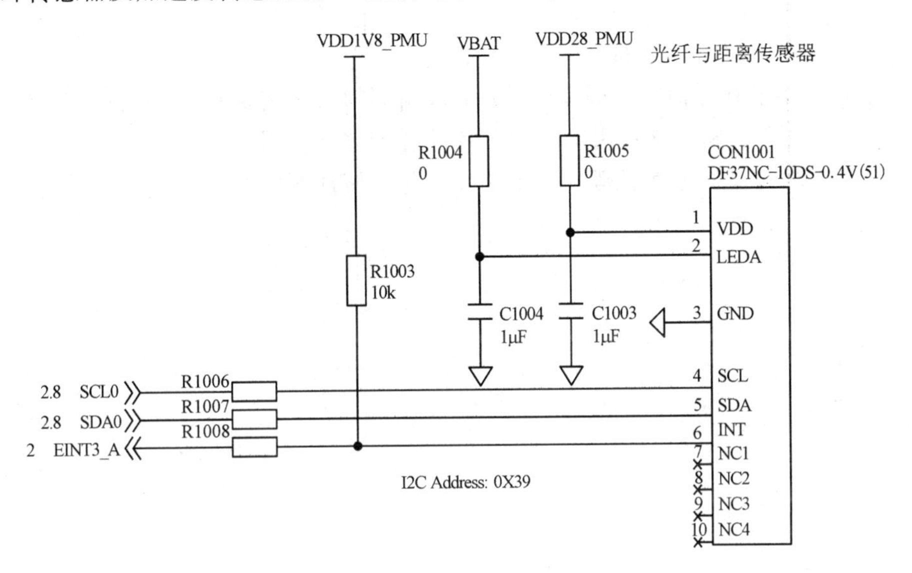

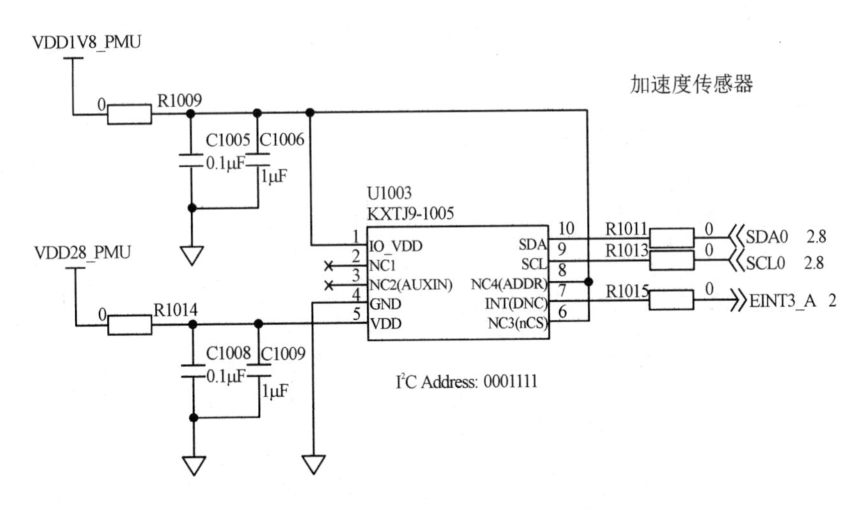

图 2－49 光纤传感器及加速度传感器接口电路

当按下开机键 K901 时，开机触发端 PWRKEY 接地，属于低电平启动电源电路的开机方式。

MT6517 既可用于实现电信定制双模双待方案(MT6515＋VIA CBP7.2C)，也可用于实现移动 TD-SCDMA 方案。

思 考 题

(1) 智能手机电路由哪几部分组成?

(2) 手机电路中有几种时钟振荡信号? 频率各是多少? 各起何种作用?

(3) MT6517 智能机方案有哪几个主芯片? 各起何种作用?

(4) MT6735 智能机方案有哪几个主芯片? 各起何种作用?

项目三　智能手机维修工具与检测仪表

知识要点： 手机维修常用仪器及工具的使用方法，手机贴片元件的焊接，常见元件的测试方法，常见信号电压、波形的测试。

智能手机维修工具与检测仪表

3.1　手机维修常用仪器

3.1.1　概述

维修手机时需要具备的物质条件如下：

(1) 必要的技术资料。维修手机时要备齐待修手机的使用说明书、电路工作原理图、检修用的印刷电路板图、较复杂的元器件的引脚功能图，以及正常工作时元器件各引脚的电压、电流、波形等技术参数资料。

(2) 备品备件。检修手机时，经常出现故障的电子元件如晶体管、送话器、集成电路、触摸屏等需要提前储备备品备件，以便于用替换法进行维修。

(3) 必要的检修工具。维修手机时要备齐防静电恒温电烙铁、热风枪、手指钳、各种规格类型的公制或英制内六角螺丝刀，在特殊情况下，应使用专用工具，如无感螺丝刀、放大镜或显微镜、静电护腕等。

(4) 必要的检测仪器。当无法凭视觉和听觉来判断手机故障时，需要用到必要的检测仪器。万用表是一种最常见的测量仪器，另外还需要备有较高精确度和低纹波的直流稳压电源。条件允许时，配备一个 100 MHz 的示波器可以测量关键信号的波形。

在维修手机时维修人员需要对故障进行分析，仔细、耐心地找出故障点，这时需要营造一个良好的、安静的工作环境，环境布置应当简单、明亮，空气湿度与温度适中，不存在粉尘、烟雾。

3.1.2　维修测试仪器

1. 稳压电源

在维修手机时，有时需要把手机拆开，而手机电池和主板是连在一起的，不方便拆开，这就需要一台稳压电源，提供手机维修过程需要的各种直流电压。因此，在维修手机时，应将稳压电源测试线连接到主板上给手机供电，调整稳压电源的输出电压至手机所需要的数值。

2. 万用表

在维修中利用万用表来测量直流电压是最简单和方便的。万用表分为指针式和数字式两种，维修时一般采用指针式万用表，但在需要精确测量电压、电流时需使用数字式万用表(如图 3－1 所示)，它具有输入阻抗较高、误差小、读数直观等优点，但显示速度较慢。只要万用表测量出的电压与电路图上的标称电压相当，即说明供电电路正常。

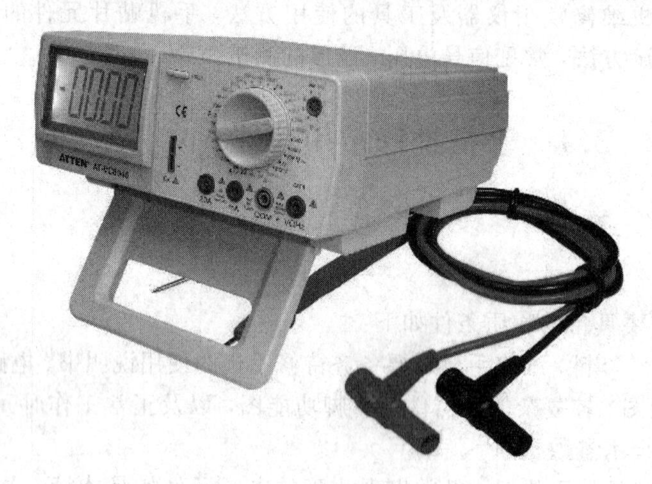

图 3－1　数字式万用表

1) *万用表表笔接法*

电阻挡：黑表笔接“COM”，红表笔接“VΩ”。

电压挡：黑表笔接“COM”，红表笔接“VΩ”。

电流挡(小于 200 mA)：黑表笔接“COM”，红表笔接“mA”。

电流挡(大于 200 mA)：黑表笔接“COM”，红表笔接“20A”。

2) *万用表使用方法*

交流电压的测量：万用表拨到相对应量程的交流电压挡，红表笔接被测电路一端，黑表笔接接地端，显示的数值为交流电的电压值。

直流电压的测量：万用表拨到相对应量程的直流电压挡，红表笔接被测电路一端，黑表笔接另一端，如数值左边出现“—”，则表明表笔极性与实际电源极性相反，此时红表笔接的是负极。

交、直流电流的测量：万用表拨到相对应量程的电流挡，将红、黑表笔串联在被测电路中，显示的数值为被测电路的电流值。

电阻值的测量：万用表拨到相对应量程的电阻挡，红表笔接器件一端，黑表笔接器件另一端，显示的数值为器件的阻值。

3. 示波器

示波器(如图 3-2 所示)是一种观察和测量各种时域信号波形的电子测量仪器，不仅可使维修人员观测到电信号的动态过程，还能定量地测量电信号的各种参数，如幅度、直流电位、频率、周期等。

1) 示波器的接法

如果示波器的测试探头线从图 3-2 的 CH1 通道②引出，则调节对应的 CH1 通道旋钮；如果从 CH2 通道③引出，则调节对应的 CH2 通道旋钮。信号的输入方式一般有 AC/DC 两种选择(见④)，AC 耦合方式是将信号用电容耦合入示波器，而不提取直流信息；DC 耦合方式是把直流信息也显示在屏幕上。根据实际需要选择 AC 或 DC 耦合。

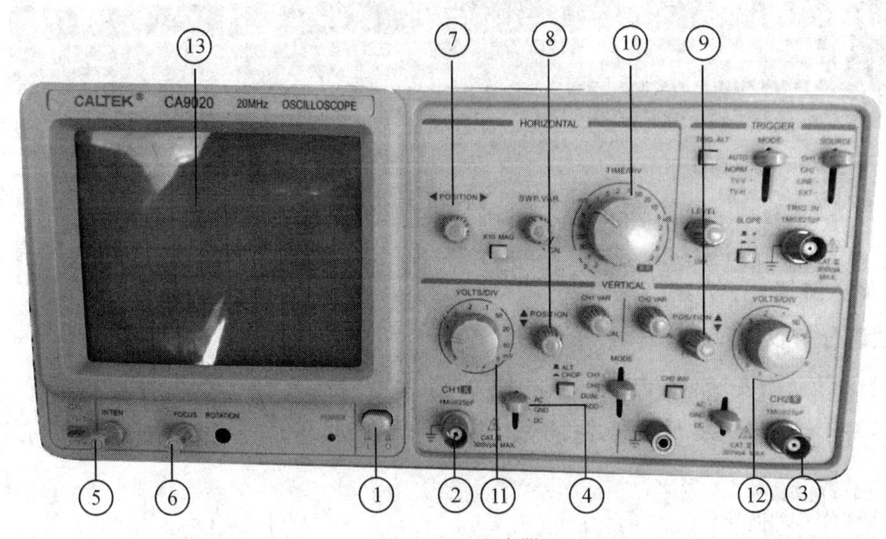

图 3-2 示波器

2) 示波器的使用方法

(1) 按下示波器的电源开关①，前面板电源指示灯将变亮，大约 5 s 后示波器可以工作。

(2) 调整亮度控制旋钮⑤，使波形亮度适中(逆时针旋转旋钮，波形亮度降低；顺时针旋转旋钮，波形亮度增加)；调节聚焦旋钮⑥，使其聚焦，并调节垂直位移旋钮⑧或⑨、水平位移旋钮⑦使水平扫描居中(在窗口⑬中)。

(3) 示波器探头线连接到示波器模拟通道的 CH1 端口②或 CH2 端口③。

(4) 用探针去接触测试点，黑色的鳄鱼夹接到手机的接地端。

(5) 根据被测信号的频率调节示波器的时间/格旋钮(TIME/DIV)⑩，根据被测信号的幅度调节示波器的幅度/格旋钮(VOLTS/DIV)⑪或⑫，选择合适的量程，直至看到清晰的波形为止。

4. 频率信号发生器

频率信号发生器(见图 3-3)用于发送所需信号的频率值，其发送频率的设定很重要，一般来说应该根据手机的工作频率来决定其发送频率。

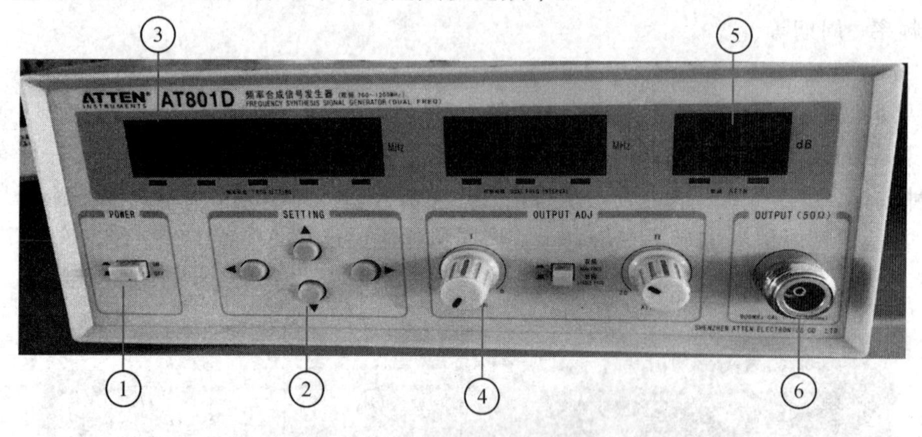

图 3-3　频率信号发生器

图 3-3 中①是电源开关，②是调节频率按钮，③是频率显示窗口，④是幅度调节旋钮，⑤是幅度显示窗口，⑥为输出端口。

5. 频谱分析仪

频谱分析仪(以安泰信 AT5010 为例，如图 3-4 所示)是用来测量被测信号电压(电平)、频率、频率响应、谐波失真、频率稳定度、频谱纯度等信号指标的重要分析工具。

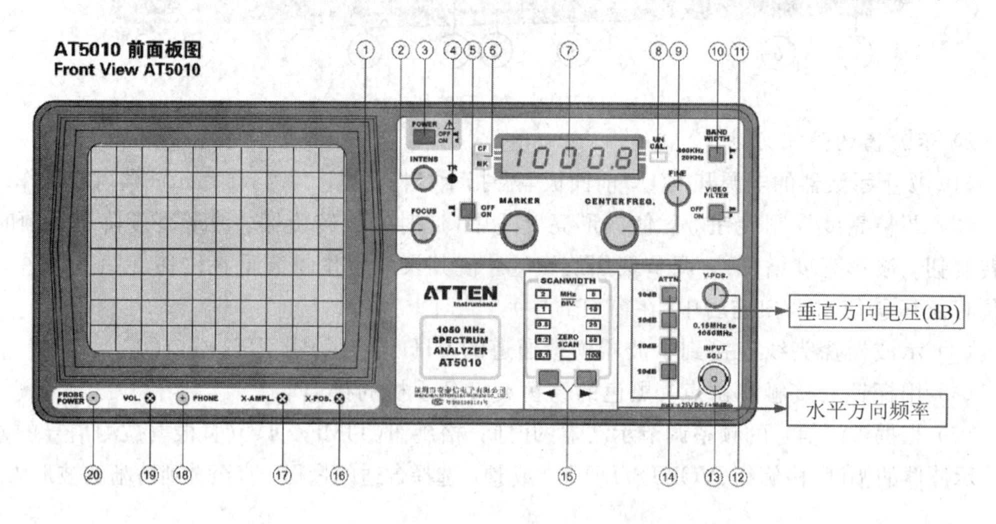

图 3-4　频谱分析仪

频谱分析仪的窗口垂直方向显示的是被测信号的电压，以 dB 的方式给出；水平方向代表频率，可以通过选择点亮控制水平方向每格代表多少频率(称为扫描宽度)的按钮(MHz/DIV)来设置。例如，扫描宽度为 5 MHz/格，假设整个屏幕水平方向上共有 10 格，则可同时测量 5 MHz×10 格＝50 MHz 频带内的频率和电压(电平)。

频谱分析仪测试信号时，需首先确定频谱分析仪的测试频率范围和功率范围。

假设测量主时钟 26 MHz 信号的频率，其设置方法如下：

(1) 选择面板按键，使图 3－4 中⑥的 CF 点亮，设置中心频率为 26 MHz。

(2) 调节 CENTER FREQ(中心频率)旋钮⑨,使小窗口⑦显示频率为 26 MHz。

(3) 选择 SCANWIDTH 按键⑮，设置测量扫宽为 1 MHz。

(4) 将频率跨度设置为 1 MHz，即按 SCANWIDTH 按键⑮(跨度)直到 1 MHz 指示灯点亮停止。

假设测量主时钟 26 MHz 信号的幅度，其设置方法如下：

(1) 选择面板中的按键⑭；

(2) 每个 10 dB 按键都不需要按下。

(3) 将测试线从 INPUT 端⑬引出。

设置频率和幅度参数的目的是使被测信号位于仪表显示的中央，幅度尽量接近参考电平位置，测试图形如图 3－5 所示。

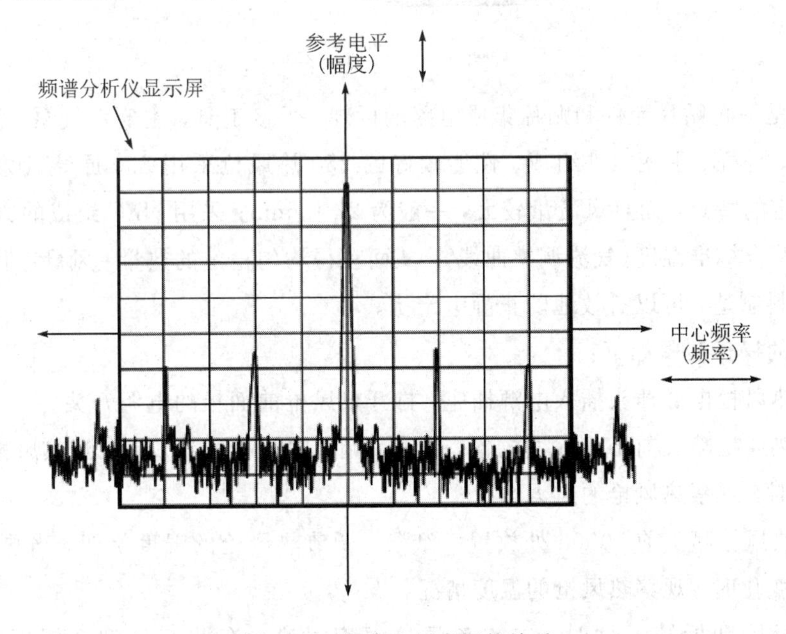

图 3－5　频率和幅度间的关系

6. 射频电压表

射频电压表又称为射频毫伏表，用于测量射频、中频和本振信号的电压值。

3.2　手机维修常用工具

1. 热风焊台(热风枪)

热风焊台如图 3-6 所示。

图 3-6　热风焊台

热风枪是一种贴片元件和贴片集成电路的拆焊、焊接工具，主要由气泵、线性电路板、气流稳定器、外壳、手柄组件组成。性能较好的 850 热风枪采用 850 原装气泵，具有噪声小、气流稳定的特点，而且风流量较大，一般为 27 L/mm；采用 NEC 组成的原装线性电路板，使调节符合标准温度(气流调整曲线)，从而获得均匀稳定的热量、风量；手柄组件采用消除静电材料制造，可以有效地防止静电干扰。

热风枪的操作步骤如下：

(1) 将热风枪电源插头插入电源插座，打开热风枪前面板的电源开关。

(2) 在热风枪喷头前 10 cm 处放置一纸条，调节热风枪风速旋钮，当热风枪的风速在 1 至 8 挡变化时，观察热风枪的风力情况。

(3) 在热风枪喷头前 10 cm 处放置一纸条，调节热风枪的温度旋钮，当热风枪的温度在 1 至 8 挡变化时，观察热风枪的温度情况。

(4) 在焊接和拆卸元件时，应避免焊接温度过高。有些互补型金属氧化物半导体(CMOS)对静电或高压特别敏感而易受损，这种受损是潜在的，在数周或数月后才表现出来。在拆卸这类元件时，必须放在接地的台子上。接地最有效的办法是维修人员佩戴防静电腕带，穿防静电的服装。

(5) 操作完毕后，将热风枪电源开关关闭，此时热风枪将向外继续喷气，当喷气结束后再将热风枪的电源插头拔下。

热风枪的温度一般选在 3～4 挡，若喷嘴大，温度可选高一些，若喷嘴小，温度可选低一些。

注意：热风枪喷头千万不可对准人及其他物品。

2. 防静电调温电烙铁

防静电调温电烙铁如图 3-7 所示。

图 3-7　防静电调温电烙铁

快克 936 电烙铁是与 850 热风枪并驾齐驱的维修工具。936 电烙铁有防静电的(一般为黑色)，也有不防静电的(一般为白色)，最好选用防静电可调温度电烙铁。在功能上，936 电烙铁主要用来焊接，使用方法十分简单，只要用电烙铁头对准所焊元器件焊接即可。焊接时最好使用助焊剂，可保证焊接质量且不会造成短路。

防静电调温电烙铁的操作步骤如下：

(1) 将电烙铁电源插头插入电源插座，打开电烙铁右侧面板的电源开关。

(2) 等待几分钟，将电烙铁的温度开关分别调节为 200℃、250℃、300℃、350℃、400℃、450℃，去触及松香和焊锡，观察电烙铁的温度情况。

(3) 根据所焊对象适当调整温度，用烙铁头对准所焊元器件焊接即可。

(4) 使用完毕关上电烙铁的电源开关，并拔下电源插头。

新电烙铁头的保养方法：将温度打到最低，蘸上松香后把少许焊锡放在新电烙铁头上让焊锡熔化在烙铁头表面进行保护。使用电烙铁时经常在清洁棉上擦拭可起到去氧化的作用，并保持烙铁头光滑、无毛刺。

3. 显微镜或放大镜

显微镜或放大镜用于观察电路板上小元件及排线的情况。由于手机被摔、震动或腐蚀等，电路板上的片状元件或印制导线可能断裂、开焊或脱落，而手机的结构紧凑，用眼睛往往很难观察到上述现象，因此必须借助显微镜或放大镜来观察。通常要求显微镜或放大镜的放大倍数为10～20倍，结构为立式。

4. 超声波清洗器

超声波清洗器用于清洗手机内部及印制电路板上的脏物。

5. 无感螺丝刀

无感螺丝刀用于调整可变电容或可变电感，有一字和十字之分。

6. 一般拆装工具

一般拆装工具包括普通螺丝刀、内六角螺丝刀、镊子等。

7. 酒精棉球

酒精棉球用于局部清洗电路板上的脏物。所用酒精必须是工业酒精而不能是医用酒精，因为后者的含水量大，不利于及时挥发。

8. 焊锡丝

焊锡丝用于元件焊接或BGA芯片焊接时的补焊。手机维修用的焊锡丝一般是无铅锡丝，直径在0.6 mm以下。

9. 助焊剂

助焊剂是焊接中不可缺少的辅料，对焊接质量的保证起着关键的作用，具体如下：

(1) 除去焊接表面的氧化物。

(2) 防止焊接时焊锡和焊接表面的再氧化。

(3) 降低焊接的表面张力。

(4) 有利于把热量传到焊接区。

传统的助焊剂通常为松香。

技能训练 6　贴片元件的识别与检测

一、实训目的

(1) 掌握智能手机中贴片元件的识别方法。

(2) 掌握智能手机中贴片元件的检测方法。

技能训练 6～10

二、实训器材

手机贴片元件若干、万用表、防静电工作台。

三、实训步骤

1. 贴片元件的识别

1) 贴片电阻的识别

贴片元件的识别

在智能手机中，电阻实物一般是片状矩形，无引脚，一个片状电阻只有一粒米大小甚至比一粒米还要小。电阻体是黑色或浅蓝色，两头是银色镀锡层。电阻大多未标出其阻值，个别体积稍大的电阻在其表面一般用三位数表示其阻值，其中第一、二位数为有效数字，第三位数表示有效数字后面所加0的个数，即$\times10^n$，单位是Ω。例如，100 表示 $10\times10^0=10$ Ω，102 表示 $10\times10^2=1000$ Ω，即 1 kΩ。当阻值小于 10 Ω 时，以 R 表示，将 R 看作小数点，如 3R3 表示 3.3 Ω。

2) 片状电容的识别

在智能手机中，无极性普通电容的外观、大小与电阻相似，电容体一般为棕色、黄色、浅灰色、淡蓝色或淡绿色等，两端为银色。无极性普通电容都很小，最小的面积只有 1 mm×2 mm。无极性电容一般为 pF(皮法)级，标注符号的意义是第一位用字母表示有效数字，第二位用数字表示倍乘，单位为 pF。字母所表示的有效数字的意义可通过查表获知。例如，电容体上标有“C3”字样的电容容量是 1.2×10^3 pF=1200 pF。

有极性的电解电容的外观是长方体，体积稍大，颜色以黄色和黑色最为常见。电解电容的正极一端有一条色带(黄色的电解电容其色带通常是深黄色，黑色的电解电容其色带通常为白色)。电解电容一般为 μF(微法)级。还有一种电容体颜色鲜艳，它是金属钽电容，其特点是容量稳定。金属钽电容突出的一端为正极性，另一端为负极性。电解电容由于体积大，其容量与耐压直接标在电容体上，而钽电解电容则不标其大小和耐压，可通过图纸查找。注意：电解电容是有极性的，使用时正、负极不可接反。

3）片状电感的识别

电感一般用于手机电源电路中的升压电路或 LC 选频电路中。片状电感外表呈白色、浅蓝色、绿色、一半白一半黑、两头银色(镀锡层)中间蓝色等颜色，形状类似普通小电容，这种电感即叠层电感，又叫压模电感，可以通过图纸和测量方法将其与电容分开。

4）片状二极管的识别

智能手机中二极管的外形与电阻、电容相似，有的呈矩形，有的呈柱形，一般为黑色，一端有一白色的竖条，表示该端为负极。智能手机中也常采用双二极管，即封装了两个二极管，有 3～4 个引脚，此时会与三极管相混淆，只能借助于原理图和印制板图识别，或通过测量确定其引脚。

5）贴片三极管与场效应管(MOS)的识别

智能手机中的三极管与场效应管一般也为黑色，大多数为三只引脚，少数为四只引脚(三极管中有两个脚相通，一般为发射极 E 或源极 S)。三极管有 NPN、PNP 两种类型，场效应管有 NMOS 管、PMOS 管两种类型，其栅极 G、源极 S、漏极 D 分别对应三极管的基极 B、发射极 E、集电极 C。与三极管相比，场效应管具有很高的输入电阻，工作时栅极几乎不取信号电流，因此它是电压控制元件。

注意：MOS 管的输入阻抗高，这样很小的输入电流都会产生很高的电压，使管子击穿，因此拆卸场效应管时需使用防静电的电烙铁，最好使用热风枪。另外，MOS 管栅极不可悬浮，以免栅极电荷无处释放而击穿场效应管。也有双三极管封装、双 MOS 管封装形式，可构成电压开关。

晶体三极管的外形和作用与场效应管极为相似，在电路板上很难区分，只能借助于原理图和印制板图识别，判断时应注意区分，以免误判。

6）贴片稳压电路的识别

稳压块主要用于智能手机中的各种供电电路，为各单元电路正常工作提供稳定的、大小合适的电压。应用较多的主要有 5 脚和 6 脚稳压块，其外观与双三极管、双场效应管封装方式类似。一般在稳压块表面有输出电压标称值，如“36P”表示输出电压是 3.6 V，当控制脚为高电平时，输出脚有稳压输出。

7）贴片集成电路的识别

集成电路用字母 IC 表示。IC 内最容易集成的是 PN 结，也能集成小于 1000 pF 的电容，但不能集成电感和较大组件，因此，IC 对外有许多引脚，将那些不能集成的元件连到引脚上，就可组成完整的电路。IC 的封装形式有小外形封装、四方扁平封装和球形栅格阵列引脚封装等。

(1) 小外形封装：又称 SOP，其引脚数目在 28 以下，引脚分布在两边，手机电路中的存储器、电子开关、频率合成器、功放等集成电路常采用SOP。

(2) 四方扁平封装：适用于高频电路和引脚较多的模块，又称QFP，其四边都有引脚，引脚数目一般为20以上。许多中频模块、数据处理器、音频模块、微处理器、电源模块等都采用QFP。对于小外形封装和四方扁平封装的IC，找出其引脚排列顺序的关键是先找出第1脚，然后按照逆时针方向确定其他引脚。确定第1脚的方法为：IC表面字体正方向左下角圆点为1脚标志；或者找到IC表面的"·"标记，对应的引脚为第1脚。

(3) 球形栅格阵列引脚封装：又称BGA封装，是一个多层的芯片载体封装，这类封装的引脚在集成电路的"肚皮"底部，引线是以阵列的形式排列的，其引脚是按行线、列线来区分，所以引脚的数目远远超过SOP或QFP。利用阵列式封装，可以节省电路板70%的位置。BGA封装充分利用封装的整个底部来与电路板互连，而且用的不是引脚而是焊锡球，因此缩短了互连的距离。在许多手机中，CPU、存储器、电源等都采用这种封装形式。

8) 识别练习

取相应的手机主板若干，要求学生识别其上面的电阻、电容、电感、二极管、三极管、稳压管、SOP芯片、QFP芯片、BGA芯片。

2. 贴片元件的检测

对于贴片元件不仅要能够识别，还要学会其检测方法，了解其工作原理。

1) 贴片电阻的检测

可用万用表来检测贴片电阻。把疑似损坏的固定贴片电阻从手机上拆卸下来，当已知被测电阻的阻值时，只要将万用表打到合适的量程，就会显示出被测电阻的阻值。若测量的阻值与标称值一致或在允许的误差范围内，则认为此电阻正常，测量的阻值为0表示短路，为∞表示开路。当被测电阻的阻值未知时，要将万用表量程打到最大挡位，如万用表指针偏转非常小，可逐渐减小万用表量程挡位，直到读出合适的读数为止。

2) 电容器的检测

电容器在电路中的主要作用有耦合、滤波、隔直流、旁路等。电容器常见的故障有漏电、容量变小、击穿短路、开路等。

电容器是否漏电的测试方法为：将指针式万用表打到R×1 kΩ挡或R×10 kΩ挡，黑表笔接电容的正极，红表笔接电容的负极。观察万用表指针摆动情况，如果指针摆动以后不能回到∞，则说明电容有漏电现象。

电容器是否击穿的测试方法为：黑表笔接电容的正极，红表笔接电容的负极，如果表针停止摆动时在0的位置，则说明电容击穿。

电容器是否开路的测试方法为：黑表笔接电容的正极，红表笔接电容的负极，如果多次将红、黑表笔短接表针都无摆动，则说明电容开路。

注意：在检测电容时要先将电容器两个引脚短路放电，否则，测试时观察不到电容器充放电过程或结果不准确，如果电容器容量较大，还会损坏万用表。

3）电感器的检测

电感器在电路中的主要作用有滤波、退耦、调谐、延迟、补偿等。电感容易出现的问题有开路、短路、脱焊等。在用指针式万用表测试电感时，其阻值很小，约为 0 Ω；用数字万用表测试时，会发出蜂鸣音。

4）二极管的检测

智能手机中常用的二极管有普通二极管、发光二极管、变容二极管、PIN 二极管。其中普通二极管在电路中起开关、整流的作用；发光二极管主要用于状态指示灯、键盘背景灯和显示屏照明灯；变容二极管主要起可变电容的作用；稳压二极管起稳定电压的作用。

在检测二极管时，如用指针式万用表，红表笔接二极管负极，黑表笔接二极管正极，通过测量正、反向电阻来判断其好坏。如用数字万用表，可将其拨在二极管挡，将红表笔插入 VΩ 孔，黑表笔插入 COM 孔，测量正向电阻时红表笔接二极管正极，黑表笔接二极管负极，测量正向电阻正常数值为 300～600 Ω，然后将红、黑表笔对调测量反向电阻值，若数值为“1”，说明二极管是好的。如果两次测量都显示 001 或 000 并且蜂鸣器响，说明二极管已经击穿。如果两次测量正、反向电阻值均为“1”，说明二极管开路；如果两次测量数值相近，说明二极管质量很差。

5）贴片元件的检测练习

取相应的贴片电阻器、电容器、电感器、二极管等，要求学生用相应的工具进行检测并判断其好坏。

技能训练 7　手机电路元器件的拆焊

一、实训目的

（1）掌握常用焊接工具的使用方法。

（2）掌握智能手机中元器件的拆焊技能。

二、实训器材

手机元器件若干、手机电路板若干、防静电调温专用电烙铁、热风枪、植锡球工具、手机维修平台、超声波清洗器、带灯放大镜、清洗剂、锡浆、刮刀、镊子、防静电腕带、毛刷、助焊剂、防静电工作台。手机元器件的具体种类、数量根据实际情况确定。

三、训练步骤

1. 拆卸和焊接的工具配备

热风枪：用于拆卸和焊接小元件。

电烙铁：用于焊接和补焊小元件。

手机维修平台：用于固定线路板，维修平台应可靠接地。

防静电腕带：戴在手上，用于防止人身上的静电损坏手机元器件。

毛刷：用以清除元件周围的杂质。

助焊剂：可选用助焊剂或焊油，将助焊剂加入小元件周围以便于拆卸和焊接。

焊锡：焊接时使用。

2. 手机小元件的拆卸和焊接

手机电路的小元件主要包括电阻、电容、电感、晶体管等。对这些小元件，一般使用热风枪进行拆卸和焊接(焊接时可使用电烙铁)。在拆卸和焊接时一定要掌握好风力、风速和风向，如果操作不当，不但会将小元件吹跑，还会将周围的小元件也吹动或吹跑。

1）小元件的拆卸

在用热风枪拆卸小元件之前，首先要将手机线路板上的备用电池拆下(特别是备用电池离所拆元件较近时)，否则备用电池很容易受热爆炸，对人身构成威胁。

(1) 将线路板固定在手机维修平台上，仔细观察欲拆卸的小元件的位置。用毛刷将小元件周围的杂质清理干净，往小元件上加注少许助焊剂或焊油。

(2) 安装好热风枪的细嘴喷头，打开热风枪电源开关，调节热风枪温度为280℃～300℃(对于无铅产品，热风枪温度为310℃～320℃)，风速开关为2挡。

(3) 拿稳热风枪手柄，使喷头与被拆卸的小元件保持垂直，距离为2～3 cm，沿小元件上方均匀加热，注意喷头不可触及小元件。

(4) 待小元件周围焊锡熔化后用镊子将小元件取下。

2）小元件的焊接

(1) 用镊子夹住欲焊接的小元件放置到焊接的位置，注意要放正，不可偏离焊点。若焊点上焊锡不足，可用电烙铁在焊点上加注少许焊锡。

(2) 打开热风枪电源开关，调节热风枪温度为280℃～300℃(对于无铅产品，热风枪温度为310℃～320℃)，风速开关为2挡。

(3) 使热风枪的喷头与被焊接的小元件保持垂直，距离为2～3 cm，沿小元件上方均匀加热。

(4) 待小元件周围焊锡熔化后移走热风枪喷头。

(5) 焊锡冷却后移走镊子。

(6) 用稀料将小元件周围的污渍清理干净。

贴片电阻拆焊

贴片二极管拆焊

3. 贴片集成电路的拆卸和焊接

贴片集成电路必须采用热风枪才能拆卸和焊接。和手机中的一些小元件相比，贴片集成电路体积相对较大，因此拆卸和焊接时可将热风枪的风速和温度适当调高。

1) 贴片集成电路的拆卸

(1) 在用热风枪拆卸贴片集成电路之前，将手机线路板上的备用电池拆下(特别是备用电池离所拆集成电路较近时)，否则备用电池很容易受热爆炸，对人身构成威胁。

(2) 将线路板固定在手机维修平台上，仔细观察欲拆卸集成电路的位置和方位，以便焊接时恢复。

(3) 用毛刷将贴片集成电路周围的杂质清理干净，往贴片集成电路引脚周围加注少许助焊剂或焊油。

(4) 调好热风枪的温度和风速。调节热风枪温度为310℃～320℃，风速开关为3挡。

(5) 将喷头和所拆集成电路保持垂直，并沿集成电路周围引脚慢速旋转，均匀加热，喷头不可触及集成电路及周围的元件，吹焊的位置要准确，且不可吹跑集成电路周围的小元件。

(6) 待集成电路的引脚焊锡全部熔化后，用医用针头或镊子将集成电路夹走，且不可用力，否则极易损坏电路板。

2) 贴片集成电路的焊接

(1) 将焊接点用烙铁整理平整，必要时，对焊锡较少的焊点应进行补锡，然后用酒精清洗干净焊点周围的杂质。

(2) 将更换的集成电路和电路板上的焊接位置对准。

(3) 先用电烙铁焊好集成电路的四个角的引脚，将集成电路固定，然后用热风枪吹焊四周。焊好后应注意冷却，不可立即去动集成电路，以免其发生移位。

(4) 冷却后，用带灯放大镜检查集成电路的引脚有无虚焊，若有，应用烙铁进行补焊，直至焊点全部合格为止。

(5) 用稀料将集成电路周围的污渍清理干净。

SOP IC 拆焊

QFP IC 拆焊

4. BGA 芯片的拆卸和焊接

1) BGA 芯片的定位

在拆卸 BGA 芯片之前，一定要搞清 BGA 芯片的具体位置，以方便焊接安装。在一些手机的主板上，事先印有 BGA 芯片的定位框，这种芯片的焊接定位一般不成问题。如果线路板上没有定位框，可采用以下定位法：

BGA 芯片拆焊

(1) 画线定位法。拆下芯片之前用笔在 BGA 芯片的周围画好线，记住方向，作好记号，为重焊做准备。

(2) 目测法。拆卸 BGA 芯片前，先将芯片竖起来，这时就可以同时看见芯片和线路板上的引脚，先横向比较一下焊接位置，再纵向比较一下焊接位置。记住芯片的边缘在纵横方向上与线路板上的哪条线路重合或与哪个元件平行，然后根据目测的结果按照参照物来定位芯片。

2) BGA 芯片的拆卸

在待拆卸的 BGA 芯片上面放适量助焊剂，并尽量吹入芯片底部，这样既可防止干吹，又可帮助芯片底下的焊点均匀熔化，不会伤害旁边的元器件。

调节热风枪温度在 310℃～320℃，风速开关调至 3 挡，在芯片正上方约 2.5 cm 处作螺旋状吹，直到芯片底下的锡珠完全熔解，用镊子轻轻夹起整个芯片。

取下 BGA 芯片后，芯片引脚和手机线路板焊盘上都有余锡，此时在线路板上加足量的助焊膏，用电烙铁将板上多余的焊锡去除，并适当上锡使线路板的每个焊脚光滑圆润。

3) BGA 芯片的焊接

首先将 BGA 芯片有焊脚的那一面涂上适量助焊膏，用热风枪轻轻吹一吹，使助焊膏均匀分布于 IC 的表面，为焊接做准备。

再将植好锡球的 BGA 芯片按照拆卸前的定位位置放到线路板上，同时，用手或镊子将芯片前后左右移动并轻轻加压，这时可以感觉到两边焊脚的接触情况。对准后，因为事先在芯片的脚上涂了一点助焊膏，有一定黏性，因此芯片不会移动。如果芯片对偏了，要重新定位。

BGA芯片定好位后，就可以焊接了。和植锡时一样，把热风枪的风嘴去掉，调节至合适的风量和温度，让风嘴的中央对准芯片的中央位置，缓慢加热。当看到芯片往下一沉且四周有助焊膏溢出时，说明锡球已和线路板上的焊点熔合在一起。这时可以轻轻晃动热风枪使加热均匀充分。由于表面张力的作用，BGA芯片与线路板的焊点之间会自动对准定位。注意：在加热过程中切勿用力按住BGA芯片，否则会使焊锡外溢，极易造成脱脚和短路。焊接完成后用稀料将线路板洗干净即可。

在吹焊BGA芯片时，高温常常会影响到旁边一些封胶的芯片，造成不开机等故障，这时可用手机上拆下来的屏蔽盖将封胶的芯片盖住。

5. 实训练习

用热风枪和电烙铁按正确的操作步骤拆焊贴片电阻、贴片电容、SOP芯片、BGA芯片若干个，检查元件位置是否摆正，引脚是否对准印刷板连接线，是否有连锡或虚焊现象。

认真练习后对贴片元件手工焊接进行考核。

焊接时需注意：保证芯片不被吹坏；保证主板的焊盘不脱落。

技能训练8　送话器和受话器的测试

一、训练目的

（1）熟练掌握万用表和示波器的使用。

（2）学会检测手机中送话器（MIC）和受话器（SPK）的好坏。

二、训练器材

送话器、受话器、万用表、示波器。

三、训练步骤

1. 用万用表和示波器测试送话器（MIC）

（1）将数字万用表置于R×20 kΩ电阻挡，红表笔接送话器的正极，黑表笔接送话器的负极，如用指针式万用表则相反。用嘴吹送话器，观察万用表的指示，可以看到万用表的电阻值读数发生变化或指针摆动。若无指示，说明送话器已损坏；若有指示，说明送话器是好的，表针指示范围越大，说明送话器灵敏度越高。

（2）手机建立呼叫时，正确调试示波器后，用探头点在送话器正极，用嘴吹送话器，此时在示波器上可见清晰的音频波形，也可证明送话器正常。

2. 用万用表测试受话器——听筒

(1) 将听筒贴近耳朵，使用万用表二极管挡轻触听筒触点，良品听筒会发出轻微的“喀喀”声。

(2) 将万用表置于 R×10Ω 电阻挡测听筒的内阻，良品听筒为 30 Ω(视万用表精度而定)，内阻无穷大则为不良。

3. 用万用表和示波器测试受话器——喇叭

(1) 将喇叭贴近耳朵，使用万用表二极管挡轻触听筒触点，良品喇叭会发出轻微的“喀喀”声。

(2) 使用万用表电阻挡测喇叭的内阻，良品喇叭为 8 Ω(视万用表精度而定)，内阻无穷大则为不良。

(3) 手机被叫时，用示波器探头点在喇叭正负接触点上，在示波器上可见清晰的音频波形，如果无波形；说明喇叭已损坏。

技能训练 9　智能手机 U817 SD 卡软件升级

一、训练目的

掌握智能机的刷机方法，排除手机软件故障。

二、训练器材

中兴 U817 智能手机一部，相关升级软件(备份在主讲台电脑中)。

三、训练步骤

1. 升级前信息备份和注意事项

1) 信息备份

(1) 升级前请取出 SIM 卡，并使用手机自带的“备份和恢复”功能将手机中的数据信息和应用程序进行备份(手机需插入 SD 卡)，进入主菜单选择“备份和恢复”功能，如图 3-8 所示。

图 3-8　备份和恢复

(2) 在数据信息和应用程序备份过程中，请不要移除 SD 卡，建议也不要中途取消备份，以免造成用户数据丢失。

(3) 确认 SD 卡根目录下拷贝的“update. zip”升级包是否与待升级机型一致，请勿修改升级包的文件名和扩展名。

(4) 确认电池电量是否充足，若电池电量不足请先给手机充电，直到电量充足，禁止一边充电，一边执行 SD 卡升级操作，以免造成数据丢失和升级失败。电量不足提示和禁止在充电状态下升级提示如图 3-9 所示。

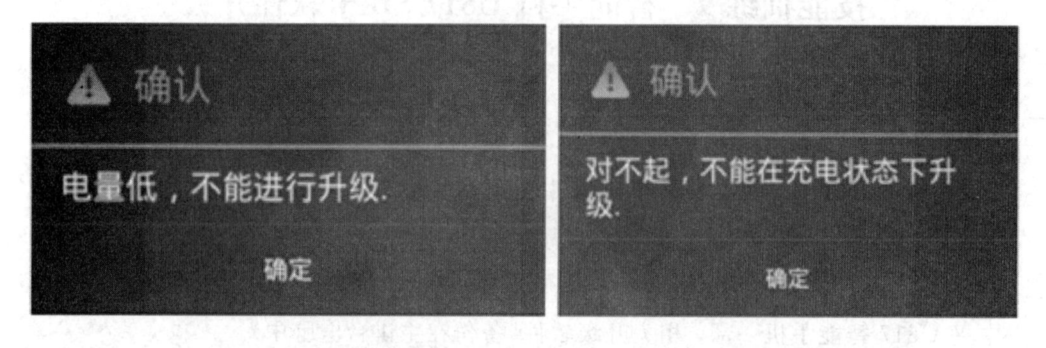

图 3-9　电池电量不足提示和禁止在充电状态下升级提示

2) 注意事项

(1) 升级过程中，请勿在手机上进行其他操作，请勿强行卸下电池，以免造成升级失败。

(2) SD 卡升级一般在 2 分钟内完成，如果超过 3 分钟未见手机自动重启或响应，应重新升级。如果手机不开机，请执行 SD 卡强制升级，或强制升级无效，请联系售后服务代理处理。

(3) SD 卡升级操作完成后，SD 卡根目录下的“update. zip”升级包会被自动删除。SD 卡强制升级操作则不会删除 SD 卡根目录下的“update. zip”升级包。

2. SD 卡升级操作步骤

(1) 从中兴通讯官方网站的服务支持页面(http://www.ztedevice.com.cn/support/)下载对应机型的 SD 卡升级包，将 update.zip 放在 SD 卡根目录下(注意：文件名必须为 update.zip)，如图 3-10 所示。

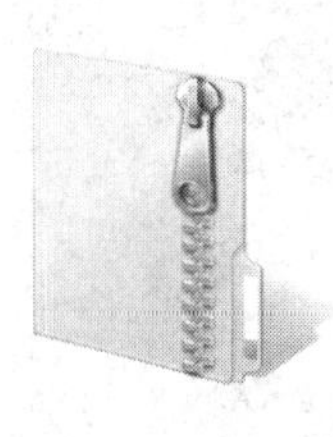

图 3-10　update.zip 文件夹

(2) 在主菜单中选择“文件管理器”后，切换进入“外部存储卡”目录查看升级包 update.zip文件是否正常，如图 3-11 所示。

图 3-11　update.zip 文件提示

(3) 确认可查询到升级包后，在主菜单中选择“设置”功能，然后点击“关于手机”→“系统软件更新”→“存储卡升级”，如图 3-12 所示。

图 3-12　存储卡升级路径

(4) 若升级包已经在 SD 卡的根目录下，点击升级后会出现提示界面，如图 3-13 所示，建议勾选“备份个人信息”选项；如果手机没有安装 SD 卡或 SD 卡根目录下没有版本软件升级包，则会提示“存储卡中未发现升级包，请确认升级包已拷贝到存储卡的根目录中!”，如图 3-14 所示。

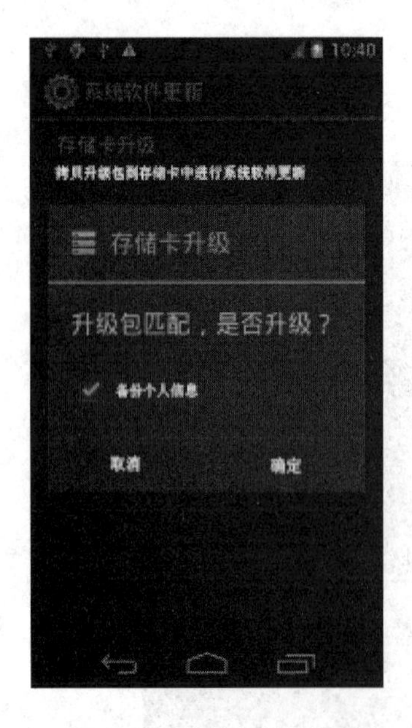

图 3-13　存储卡升级界面

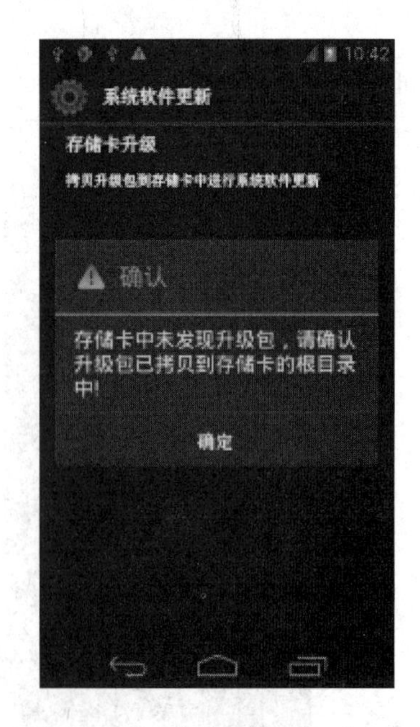

图 3-14　存储卡确认升级弹出框

(5) 在存储卡升级界面(见图 3-13)中点击“确定”，此时手机自动关机。

(6) 手机重启后直接进入 SD 卡升级界面。

(7) 升级完成后手机会再次重启，正常开机后手机就可以使用了，至此升级全部完成。

3. 升级完成后备份信息恢复(升级前已做过备份)

(1) 进入主菜单选择“备份和恢复”功能。

(2) 在数据和应用程序恢复过程中，请不要移除 SD 卡，建议也不要中途取消恢复，以免造成用户数据丢失。

4. 手机无法开机的升级步骤

(1) 手机在关机状态下，长按音量上键和开机键，进入 recovery 模式，如图 3-15 所示。

图 3-15　进入 recovery 模式

(2) 按音量下键进入菜单选择界面，如图 3-16 所示。

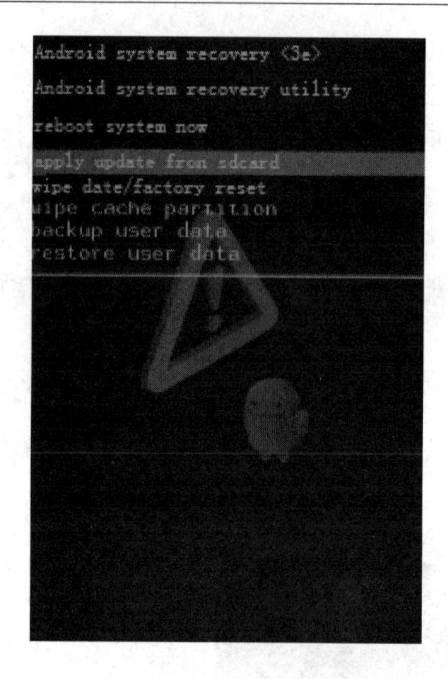

图 3－16　菜单选择界面

（3）按音量下键选择“apply update from sdcard”选项，按开机键确认，进入 SD 卡目录。

（4）按音量下键选择“update. zip”升级包，如图 3－17 所示。按开机键确认，手机开始升级，如图 3－18 所示。

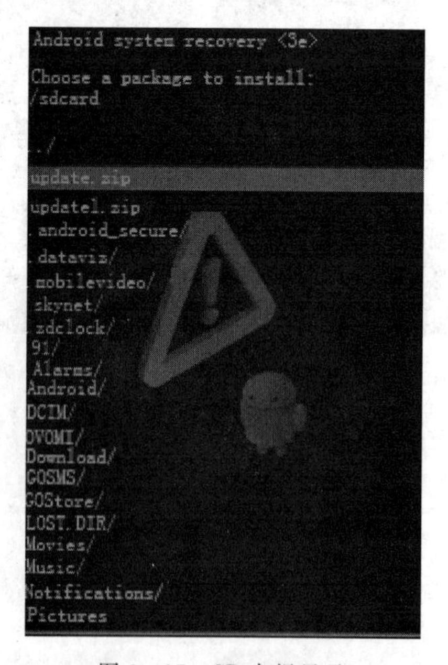

图 3－17　SD 卡根目录

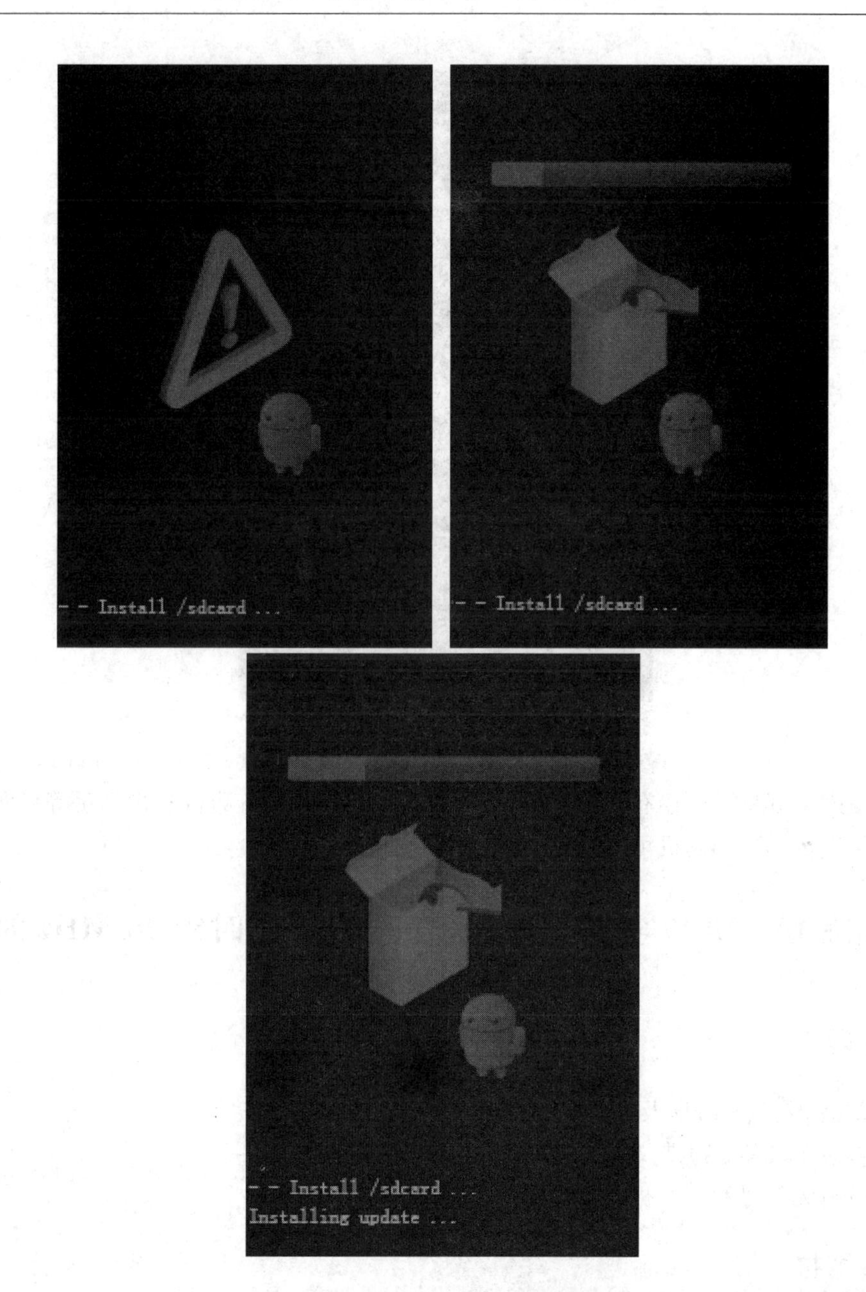

图 3－18　手机升级进行中

(5) 约 2 分钟后手机完成升级，在升级完成界面选择“reboot system now”选项，如图 3－19所示，按开机键确认，手机自动重启，正常开机后手机就可以使用了，至此手机升级全部完成。

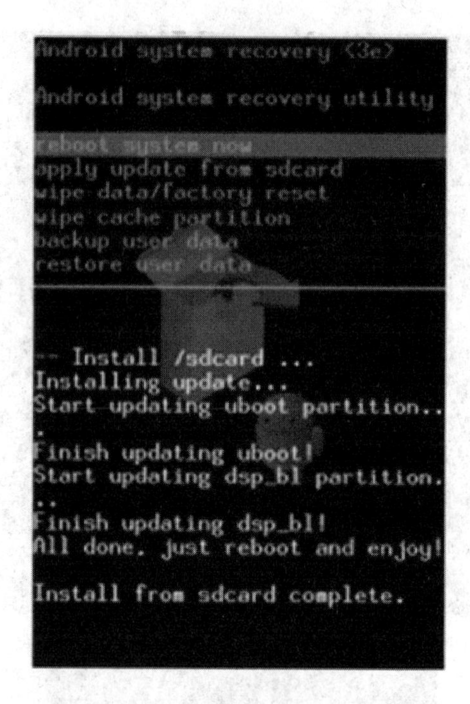

图 3-19　手机升级完成

除此之外，刷机平台还有刷机精灵、刷机大师、完美刷机、甜椒刷机助手等可实现一键刷机。苹果手机越狱和刷机可用爱思助手。

技能训练 10　U817 实时时钟 32.768 kHz、主时钟 26 MHz 的测试

一、训练目的

(1) 掌握 32.768 kHz 及 26 MHz 信号的波形测试方法。

(2) 熟悉示波器、频谱仪的使用方法。

(3) 分析无信号和不开机故障现象。

二、训练器材

智能手机、示波器、频谱仪。

三、训练步骤

1. 用示波器测试 32.768 kHz 实时时钟信号波形

正确调试示波器电压、时间扫描旋钮，手机用稳压电源供电后，找准 32.768 kHz 测试点 TP，将示波器探头轻轻地稳定点在 TP 上，注意不要和周边元件接触短路，记录实测信号的波形图(注意示波器电压量程、时间量程旋钮的选择)。

测试点 TP 位置如图 3 - 20 中方框所示。

图 3 - 20　26 MHz 和 32.768 kHz 测试点

如果示波器上能够看到如图 3 - 21 所示的波形，说明 32.768 kHz 时钟信号正常。

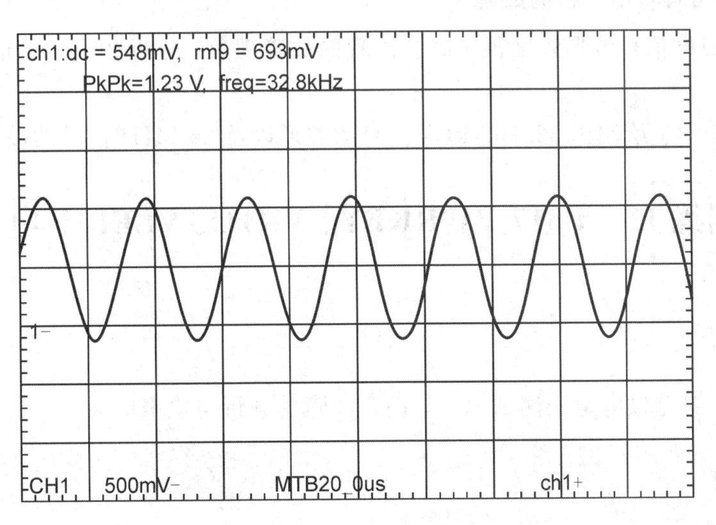

图 3 - 21　32.768 kHz 信号波形

2. 用频谱仪测试 26 MHz 主时钟信号波形

手机开机后，设置好频谱仪的中心频率和扫描宽度，将探头准确地点在 26 MHz 信号测试点上，注意不要和周边元件接触短路，记录实测信号的波形图及频谱仪的中心频率和扫描宽度的量程。

26 MHz 测试点位置如图 3－20 所示。

如果频谱仪上能够看到图 3－22 所示的波形，说明主时钟信号正常。

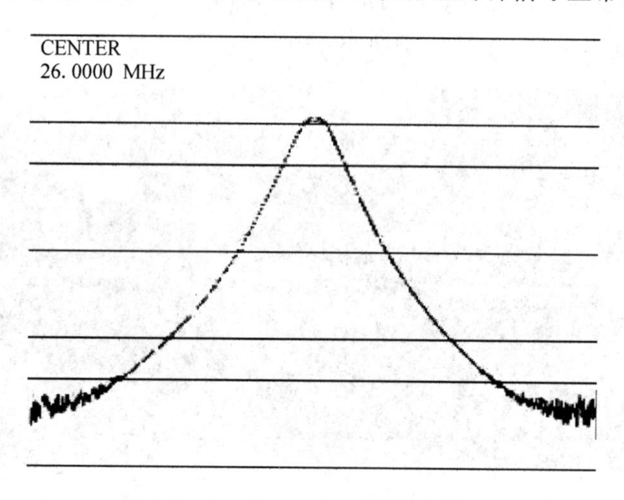

图 3－22　主时钟信号波形

3. 分析无信号和不开机的故障

分析 26 MHz 信号波形幅度很小时会出现的故障现象，分析 26 MHz 信号频率偏移时的故障现象。

要求：每个学生绘制出 32.768 kHz 信号的波形以及 26 MHz 信号的波形。

技能训练 11　U817 PWRKEY、VRTC、VLED-P 电压测试

一、训练目的

掌握 U817 典型供电电压测试方法，提升故障的分析与检修能力。

二、训练器材

智能手机、万用表、稳压电源。

三、训练步骤

（1）将稳压电源的电压调到 4 V。

（2）将 4 V 电压加到手机电池连接座上，注意正、负极性不要接反。

（3）将万用表调到 200 V 直流电压挡，黑表笔接地，红表笔接测试点，如图 3－23 所示。

（4）PWRKEY、VRTC 在关机状态下可以测试，VLED-P 在背景灯点亮时测试。

（5）记录测试结果。

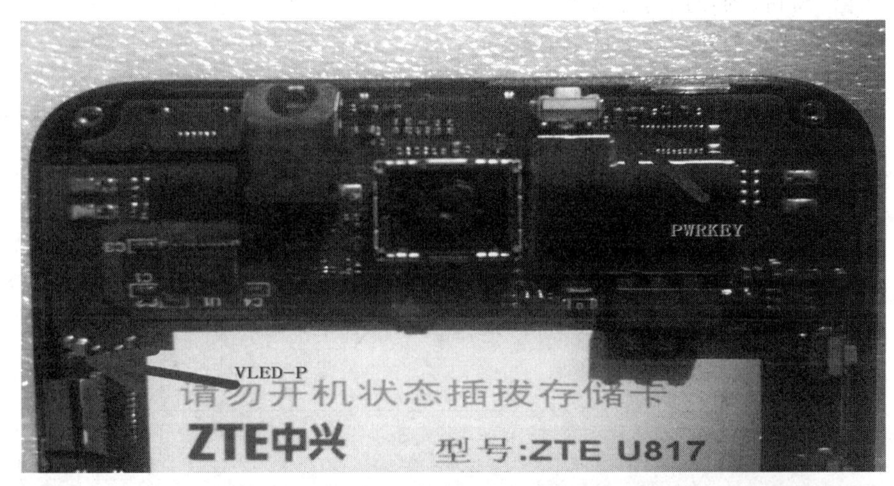

图 3－23　电压测试点

思 考 题

(1) 恒温电烙铁的作用是什么?

(2) 热风枪的作用是什么?

(3) 万用表的作用是什么?

(4) 示波器的作用是什么?

(5) 频谱分析仪的作用是什么?

(6) 用什么仪器判断送话器的好坏?

(7) 用什么仪器测试 32.768 kHz 信号的波形?

(8) 用什么仪器测试 26 MHz 信号的波形?

项目四　智能手机典型故障维修方法

知识要点： 手机维修的基本方法及典型故障分析思路。

智能手机典型故障维修方法

4.1　手机维修基本概念

在进行手机维修时需要熟知以下术语所表示的含义。

1. 开机

开机是指手机加上电源后，先必须有正常供电，然后CPU调用字库、存储器、码片内程序检测开机，所有调用正确时，手机才能正常开机。导致不开机的原因既可能来自硬件电路，也可能来自软件。

2. 关机

关机是指开机的逆过程，长按开/关键后手机进入关机程序，最后手机屏幕上没有任何显示信息，手机指示灯及背景灯全部熄灭。CPU将根据接收到的按键时间长短来区分是开/关机还是挂机，短时间为挂机，长时间(2 s)为关机。

3. 待机状态

待机状态是指手机无呼出或呼入信号时的一种等待状态，手机在待机状态中整机电流最小，这时手机处于节电方式。

如果手机的接收机工作正常，进入待机状态后，接收机就会锁定工作信道。需要注意的是，在待机状态下，接收机的射频电路一会儿工作一会儿不工作，即接收机射频电路中的信号是时有时无的，所以用稳压电源供电的手机，在待机状态下观察稳压源电流表指针，电流是跳变的。

4. 漏电

当给手机加上直流稳压电源后，未按开机键时稳压电源的电流表表头就有电流指示，这种现象称为漏电。漏电现象多数是由于电源模块周围的滤波电容漏电引起的，也有部分是由于进水后电路板被腐蚀或元器件短路引起的。

5. 不入网

不入网是指手机不能正常进入通信网络。手机开机后首先查找网络，显示屏上应显示网络名称“中国移动”或“中国联通”，若是英文机则显示对应的英文。手机入网条件是接收和发射通道都正常，手机才能入网。在无网络服务时，应首先调用手机功能选项，选择“查找网络”，进入手动寻网。如果能搜索到“中国移动”或“中国联通”，则说明接收部分正常，而发射电路有故障；若显示“无网络服务”，则说明接收部分有故障。

6. 工作状态

手机可以处于接收或发射状态，还可以处于既接收又发射的双工方式，也就是说手机既可以“说”又可以“听”。手机在呼出状态时，整机工作动态电流最大可达到 300 mA 左右，这时耗电量是比较大的。

7. 掉电

掉电是指手机开机后没有按关机键就自动关机。自动关机的主要原因是电池电量不够或者电池触点接触不良，还有可能是发射电路有故障，造成手机保护性关机。

8. 虚焊

虚焊会造成手机元器件引脚与印制电路板接触不良，这时故障会时有时无。

9. 补焊

补焊是指给虚焊的元器件引脚重新加焊锡的过程。手机上元器件补焊要用专用工具，如热风枪或专用电烙铁。

10. 不识卡

不识卡是指手机不能正常读取 SIM 卡上的信息。手机的屏幕上显示“插 SIM 卡”、“检查 SIM 卡”等均属不识卡。

11. 软件故障

软件故障是指由于手机内部程序紊乱或数据丢失引起的一系列故障。例如：手机屏幕上显示“联系服务商”或“返厂维修”、“锁机”等均属典型的软件故障；同时，设置信息无记忆、显示黑屏、背景灯和指示灯不熄灭、电池电量正常却出现低电告警等也属软件故障。

12. 字库或版本(Flash ROM)

字库在硬件上讲是手机逻辑单元中的 ROM 集成块，是存放运行程序的载体，如常用的 28F160、28F320、28F800 等。从软件上讲，则统称字库内各种功能程序和文字点阵数据为字库或版本。

13. 码片(EEPROM)

码片从硬件上讲是存放手机各种设置如串号、用户设定、部分电话簿等信息的载体，如常用的 28C64、24C12S、24C64 等，从软件上则称码片内部存放的数据为码片资料或码片文件。同时，码片资料或码片文件也可存放于电脑中。

14. 串号(IMEI，即国际移动设备识别码)

每部手机都有自己的设备识别码，俗称机身号，它是15位十进制代码，由6位TAC(型号批准码)、2位FAC(工厂装配码)、6位SNR(序号码)和1位备用码组成。许多软件维修仪都可以读出手机串号并恢复和修改，也可输入“＊＃06＃”读出自己手机的串号。

4.2　手机故障的基本分类

手机故障按不同标准有多种分类方法，了解各自故障的特点对维修工作有很大帮助。

1. 按手机的使用情况分类

1）菜单设置故障

严格地讲，菜单设置故障并不属于故障，例如：来电无反应，可能是机主设置了呼叫转移功能；不能呼出电话，可能是机主设置了呼出限制功能；来电只振动而不响铃，可以通过设置手机的菜单为来电振铃方式；打电话听不到声音，可能是机主把音量关到最小等。一般初用手机者最容易遇到这样的情况，这就要求维修人员熟悉各种手机的具体操作方法。

2）使用故障

使用故障一般指由于用户操作不当或错误调整而造成的故障，比较常见的有如下几种：

(1) 机械性破坏：由于受外力过大，使手机元器件破裂、变形，引脚脱焊、脱落及接触不良等造成的故障。例如手机天线折断、机壳摔裂、进水、显示屏断裂等属于这类故障。

(2) 使用不当：例如用劣质充电器会损坏手机内部的充电电路和电源模块；对手机菜单进行非法操作，会使某些功能处于关闭状态，使手机不能正常使用；错误输入PIN码，会导致SIM卡保护性锁卡，若盲目尝试解锁，会造成SIM卡烧毁；靠近强磁场会干扰手机使用，严重的甚至会擦除字库或码片数据，损坏某些电子器件。

(3) 保养不当：手机是非常精密的高科技电子产品，应当注意在干燥、温度适宜的环境下使用和存放。进水、受潮等会使手机元器件受腐蚀，绝缘程度下降，控制电路失控，造成逻辑电路系统工作紊乱，软件程序工作不正常，严重的直接造成手机无信号甚至不开机等。

3）质量故障

有些手机是经过拼装、改装、翻新而成，质量差，非常容易出故障，因而无法正常使用。

2. 按手机故障出现时间长短分类

(1) 初期故障：是指仓库存放、运输途中及保修期(一般为1年)内发生的故障。在这期间，故障发生的概率较高。造成故障的原因是生产时留下的各种隐患、存放地点的环境条件不良、运输不慎、元器件早期失效以及使用不当等。

(2) 中期故障：是指使用2～5年期间发生的故障。在这段时间内，由于元器件经受了较长工作时间(但与其寿命相比时间较短)的考验，隐患已充分暴露，所以其性能趋于稳定，因而故障率较低。造成中期故障的原因是少数性能较差的元件变质、损坏或可调整器件损坏、松脱等。

(3) 后期故障：是指经过很长时间使用后所发生的故障，此时元器件性能逐渐衰退，寿命相继终止的现象必然随机出现，因此故障率上升，直至大面积损坏而无法修复。现在的手机用户很少能把手机用到元器件性能衰退的程度。

3. 按手机故障性质不同分类

(1) 硬件故障：是指由于机内元器件损坏，电路板连线断路、短路或元器件接触不良等引起的故障，这种故障检查修理比较容易，只要更换或修复已损坏的元件或故障点即可。

(2) 软件故障：是指由于手机的码片、字库内的数据资料出错或丢失引起的故障，只需重写数据资料即可。也有用户还没有熟悉使用方法之前误操作导致的软件故障。

4. 按工作状态分类

(1) 完全不能工作：接上稳压电源，按下手机电源开关后稳压电源表头无任何电流反应，或仅有微小电流变化，或有很大的电流出现。

(2) 能开机但不能维持开机：接上电源，按下手机电源开关后能检测到开机电流，能开机但出现发射关机、自动开关机、低电告警等。

(3) 能正常开机，但有部分功能失常：如显示不正常(字符不清楚、黑屏)、听筒无声、不能送话、部分功能丧失等。

5. 按主板电路分类

从手机机芯区分，手机故障可以分为以下三类：供电充电及电源部分故障、逻辑电路故障(包括 13 MHz、26 MHz 晶体时钟、I/O 接口、手机软件故障)、收发通路故障。

这三类故障之间也有千丝万缕的联系。例如：手机软件故障影响电源供电系统、收发通路锁相环电路、发送功率等级控制、收发通路的分时同步控制等，而收发通路的参考晶体振荡器又为收发通路提供参考频率，为手机 CPU 的运行提供时钟信号，时钟信号又直接影响手机逻辑部分能否正常运行。

4.3　手机故障维修方法

手机是一种技术含量高、结构精密的电子产品，在使用过程中，由于手机的设计、表面焊接技术的特殊性等各种不可避免的原因，手机极易损坏。针对产生故障的原因及现象不同，可采用不同的维修方法，目的是快速、准确、安全地排除故障。

1. 清洗法

对于浸水、受潮、按键失效、出现耳机通话状态、通话时有杂音等的故障机，一般都用天那水浸泡、刷洗或用超声波清洗仪清洗、干燥即可。

用清洗法要注意以下事项：

(1) 清洗时，显示屏、振铃器、振动器、受话器(喇叭)、送话器等元器件不能与天那水接触。

(2) 修过多次、有过多飞线的手机不适宜清洗。

2. 重焊法

对于摔过、虚焊、浸水清洗后不开机、时好时坏、自动死机甚至故障原因不明等的故障机，一般采用补焊或重焊法。

用重焊法时注意以下事项：

(1) 重焊时应注意器件有无封胶，撬胶时应保护好周边器件，逐一重焊，每焊一块试一次机。

(2) 重焊时器件旁边的备用电池应先拆除，以免爆炸。

3. 元件替换法

当怀疑某个元器件有问题时，可以用新的合格的元器件进行替换，如果换上新元件后故障消失，则老元件确实有问题。这种维修方法叫元件替换法。

此方法不宜用于施工难度大、风险过高、元器件成本较高的手机，例如采用BGA封装芯片的手机。

4. 紧压法

用手对集成块逐一进行加压，若故障消除，则说明该元件有虚焊现象，用热风枪对准该元器件进行补焊即可排除故障。对摔过不开机、时好时坏、信号时有时无、自动死机等故障手机可采用紧压法。

5. 温度法

用手摸元器件，通过感觉元件发热情况来判定故障范围，叫温度法。对电池损耗过快或漏电的手机可采用此方法。

6. 电流法

手机的电流变化和手机中电路的基本工作情况是一一对应的，通过观察手机的工作电流，可粗略判定故障方位，从而快速确定维修成本。普通手机各单元电路参考电流如下：

电源部分工作电流：约50 mA。

13 MHz或26 MHz时钟电路工作电流：约100 mA。

运行软件、灯亮、显示、响铃后工作电流：约250 mA。

发射电流：约200 mA(平均电流)～350 mA(峰值电流)。

待机电流：约10 mA。

若电流停在某一位置(手机定屏)：软件故障。若开机大电流甚至短路：电源或逻辑电路(CPU)损坏、排线短路。若加电不开机出现漏电：功放或电源损坏。

例如，一部手机开机后，手机的工作电流总是在 50～100 mA 范围内变化，约 10 s 后回到 10～20 mA，几秒后又回到 50～100 mA，如此反复，说明接收部分工作不正常。

7. 电压法

通过万用表或示波器测量电路工作电压可判定电路是否正常工作。

对于手机开机后一直处于工作状态的电路可用万用表来测试其电压是否正常，对于间歇性工作的电路进行手机维修检测时，可以用示波器来检查电路的直流信号。如无示波器，在手机开机的 30 s 内是检测射频电路的控制信号与工作电压的最佳时机。

8. 电阻法

通过万用表的电阻挡测量元件或线路的对地电阻可判定元器件、线路间是否开路(断线)或短路。测量时最好有相同且正常的机板或排线进行比较。电阻法对无送受话、无灯光、无显示等故障效果显著。

9. 开路法

通过断开某一个或多个支路可以缩小故障范围。开路法主要用于手机电流大的故障维修中，将被怀疑的电路断开，通过电路断开后手机电流的变化来进行故障分析。

10. 短路法

通过将怀疑发生故障的元器件暂时短接，观察故障状态有无变化可以判定故障。此方法对天线、天线开关、滤波器、高放管断线引起的三无(无送受话、无灯光、无显示)等故障有显著效果。

11. 软件修复法

对于一部需维修的故障手机，在电流比较小的时候，往往可以打开相应的软件平台，初步判断一下是 CPU 之前的问题，还是软件数据等的问题。比如：一部 MT 芯片手机的电流为 30 mA，通过软件通信测试可以侦测出 RXD、TXD 收发信号，但是下载软件只能进行部分修复，无法完整地刷机，主要的问题在于存储器本身以及单片机通信中断。

通过重写软件的方法排除故障，对于软件故障导致的不开机、开机定屏，解除手机各种密码锁有事半功倍的效果。

采用软件修复法时的注意事项：

(1) 使用此方法前应把原资料备份。

(2) 重写软件后原机机身串号、用户电话簿、信息、图片、密码都会被改变。

4.4　手机故障维修步骤

手机故障的种类繁多，产生故障的途径也不尽相同，对不同故障，其维修的方法和处理步骤都不同。维修手机时一般要经过问、试、拆、看、修、重试六个步骤。

1. 问

当收到故障手机时，首先应向手机用户了解清楚一些基本情况，例如手机是如何出现故障的，这为后期维修判定故障的范围提供了依据，做到心中有数，从而缩小了故障范围，提高维修效率。如摔过的手机，可判定元器件有脱焊的可能；而进过水的手机，可判定元器件有腐蚀的可能。

2. 试

问清楚以后，先将手机电池拆下，判定电池好坏，电池脚是否接触不良；然后接上稳压电源供电试机，并观察开机电流、待机电流(包括有无漏电)及手机各项功能是否正常。对时好时坏的故障最好按坏机器处理并向用户交代清楚。

3. 拆

征得手机使用者同意后，拆开手机检查。拆机时，同一部手机的外壳、螺丝、零配件应放在一个盒子里，以免损坏和丢失。同时应保持机壳外表、显示屏甚至机板、元件的完好无缺。

4. 看

刚拿到手机时，应观察手机外表的破损程度，显示、灯光是否正常；拆机后，观察有无维修过的痕迹，机器主板、元件是否完好无缺或被调换。通过观察，可以为确诊故障提供思路，省略许多繁杂的测量，达到事半功倍的效果。

5. 修

根据手机产生故障的原因及其反映的现象，结合维修经验，对损坏或失效元件进行更换，排除故障，恢复手机各项功能。维修原则为：

(1) 先清洗后维修。

(2) 先简单后复杂。

(3) 先机外部件后机内主板。

(4) 先重(补)焊后检测。

(5) 先电源后负载。

(6) 先接收后发射。

6. 重试

故障被排除以后要对手机的各项功能进行复测，使之完全符合要求。试机时应用稳压电源给手机供电，以免短路造成新的故障或损坏电池，试机正常后贴上维修标签再交给用户。注意装机时要确保机板及外表整洁。

4.5　典型故障的检修方法

故障检修需要运用的知识主要是电路的结构以及单元电路中信号的特点，能够运用流程图推理出故障的原因。

1. 电池故障

电池故障检修流程如图 4－1 所示。

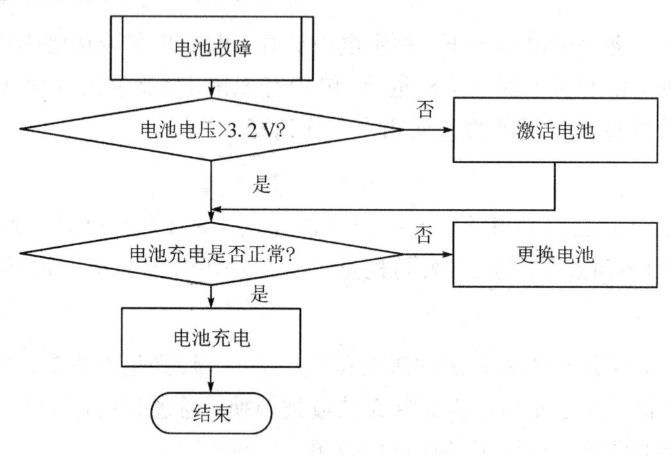

图 4－1　电池故障检修流程图

2. 不开机

不开机故障检修流程如图 4－2 所示。

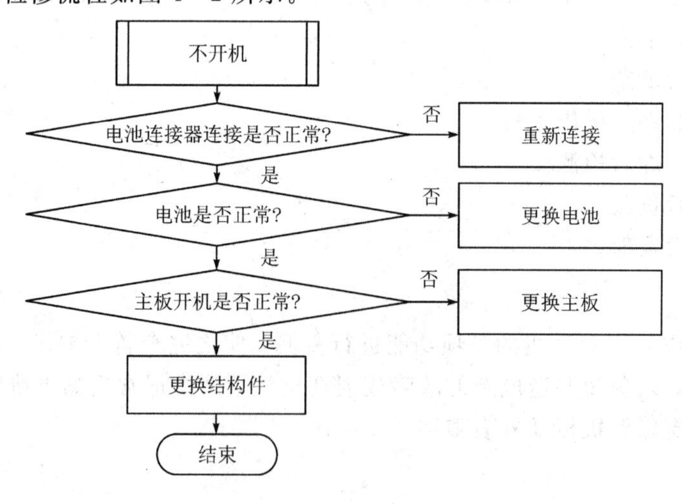

图 4－2　不开机故障检修流程图

3. 死机

死机故障检修流程如图 4-3 所示。

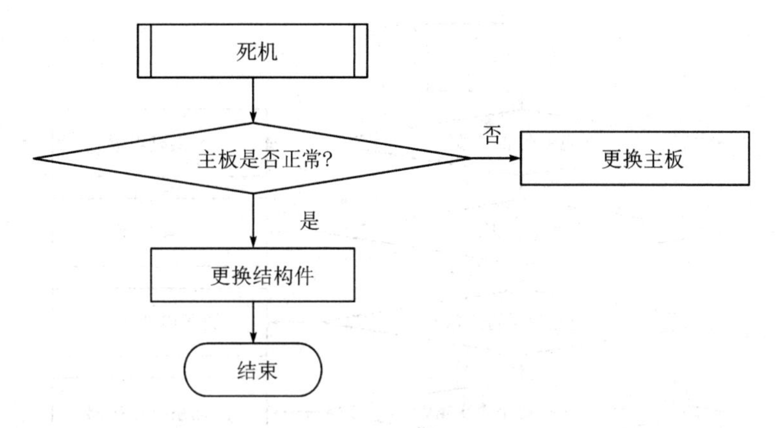

图 4-3 死机故障检修流程图

4. 自动关机

自动关机故障检修流程如图 4-4 所示。

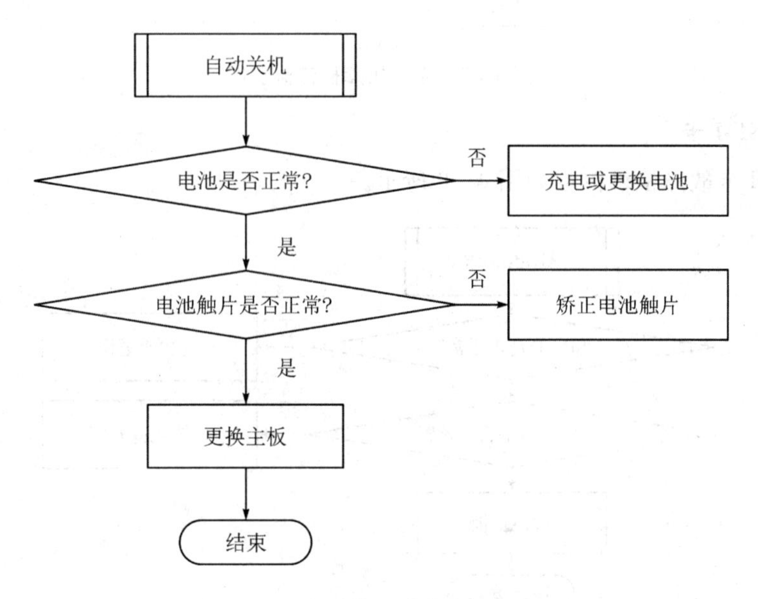

图 4-4 自动关机故障检修流程图

5. 充电故障

充电故障检修流程如图 4－5 所示。

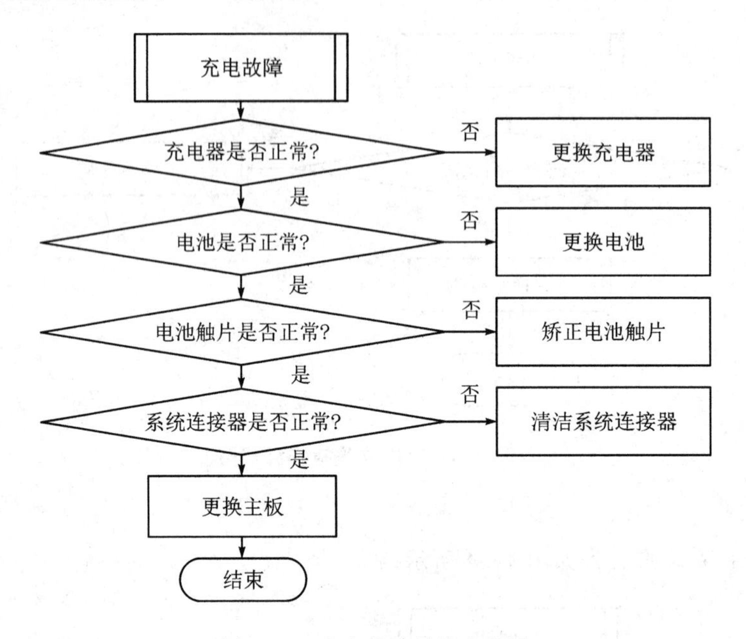

图 4－5　充电故障检修流程图

6. 不识 SIM 卡

不识 SIM 卡故障检修流程如图 4－6 所示。

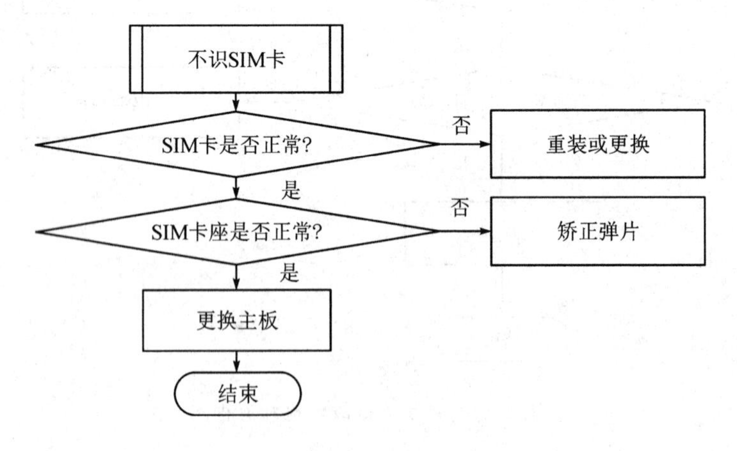

图 4－6　不识 SIM 卡故障检修流程图

7. 无送话

无送话故障检修流程如图 4－7 所示。

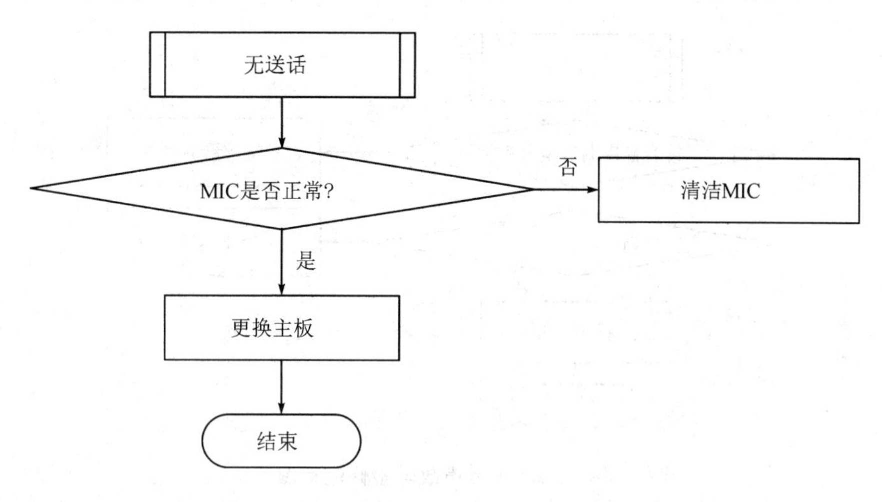

图 4－7　无送话故障检修流程图

8. 无受话

无受话故障检修流程如图 4－8 所示。

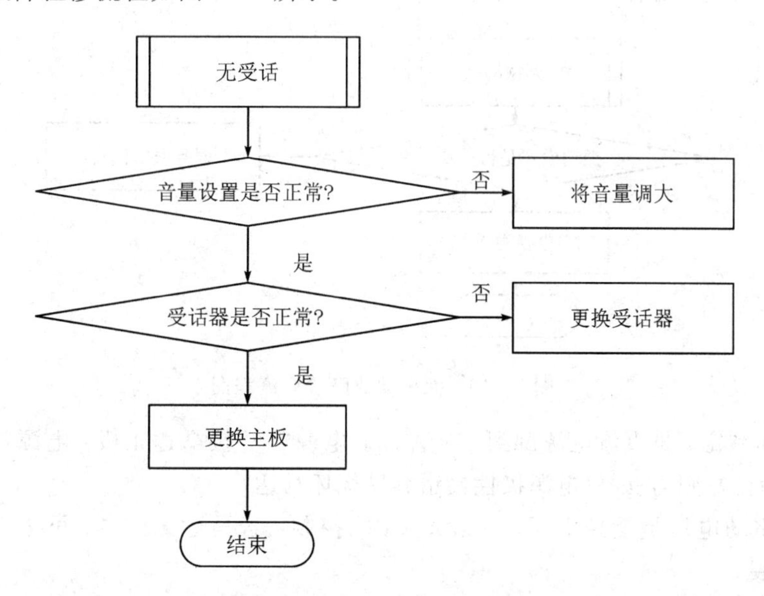

图 4－8　无受话故障检修流程图

9．无铃声

无铃声故障检修流程如图 4－9 所示。

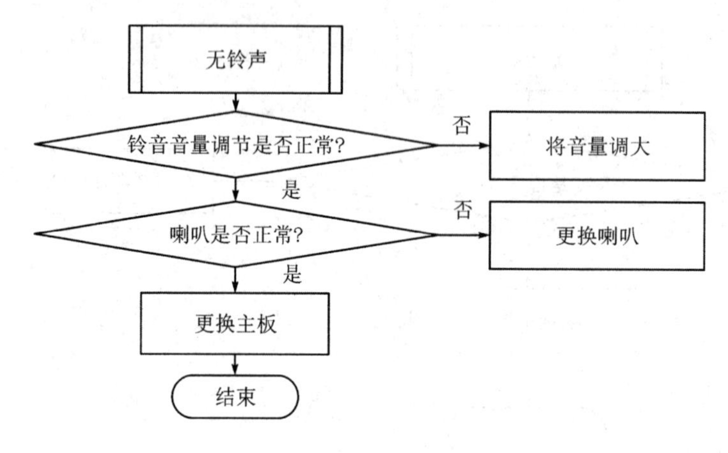

图 4－9　无铃声故障检修流程图

10．无振动

手机的振动器即马达就是小电动机，当调为振动模式时用户能及时感知来电和信息。无振动故障检修流程如图 4－10 所示。

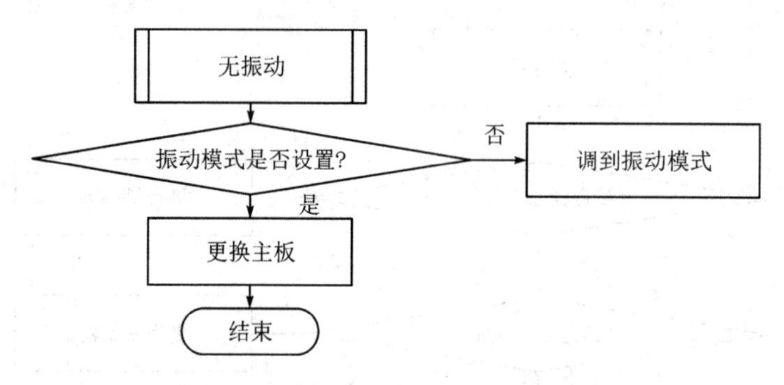

图 4－10　无振动故障检修流程图

马达好坏判定：将直流电源调到 2 V 左右，电源"＋"接马达正极，电源"－"接马达负极，马达振动良好则为良品(电源极性接错容易烧坏马达)。

马达的驱动电压是受控电压，一般由 CPU 控制，若马达无供电，可重点检查电源及 CPU 是否不良。

11．键盘灯不亮

键盘灯不亮故障检修流程如图 4－11 所示。

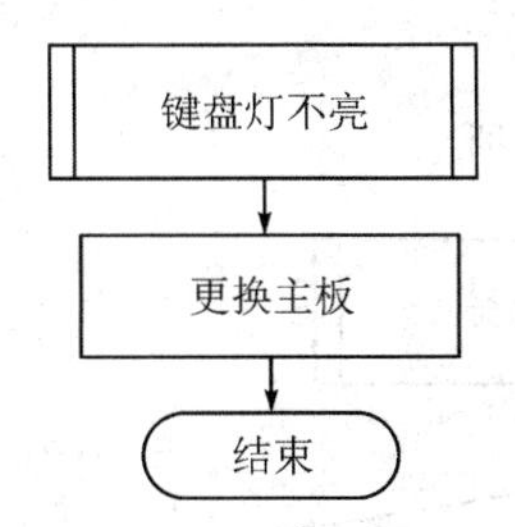

图 4-11　键盘灯不亮故障检修流程图(针对导电橡胶键盘)

12. 显示故障

显示故障检修流程如图 4-12 所示。

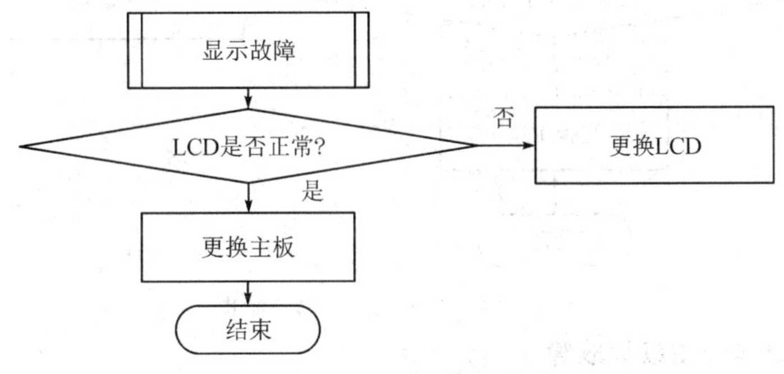

图 4-12　显示故障检修流程图

13. 无信号

无信号故障检修流程如图 4-13 所示。

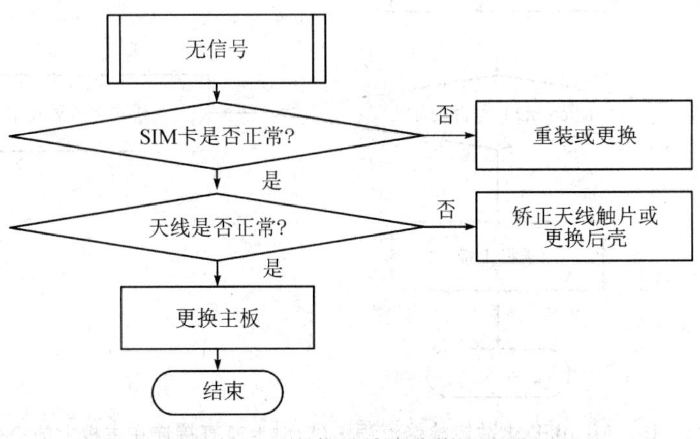

图 4-13　无信号故障检修流程图

14. 摄像故障

摄像故障检修流程如图 4-14 所示。

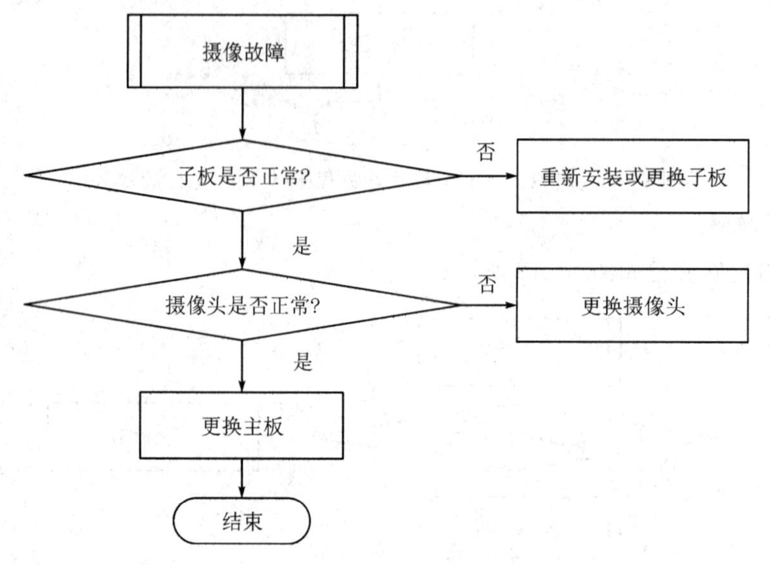

图 4-14 摄像故障检修流程图

15. MicroSD 卡无法读取故障

MicroSD 卡无法读取故障检修流程如图 4-15 所示。

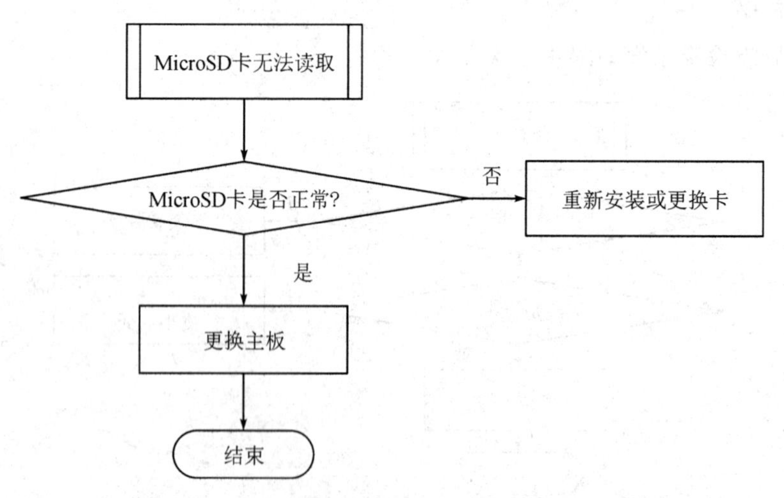

图 4-15 MicroSD 卡故障检修流程图(针对卡座直接连在主板上的手机)

16. 触摸屏故障

触摸屏故障检修流程如图 4 - 16 所示。

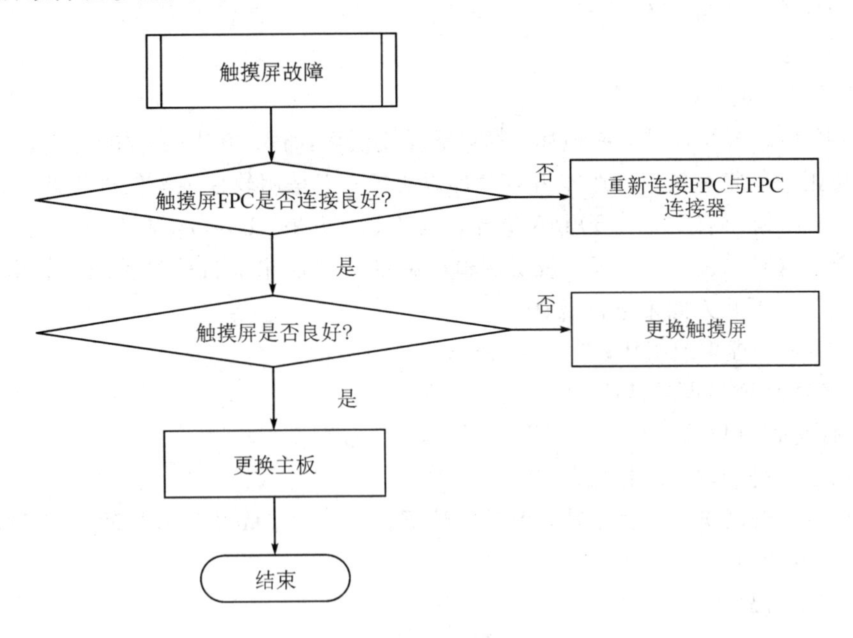

图 4 - 16　触摸屏故障检修流程图

4.6　手机故障维修技巧

1. 电流法判断手机不开机故障

不开机故障是手机的常见故障之一。一般维修方法是：用稳压电源给手机供电，按开机键通过观察电流表表头的变化情况来确定故障范围。

(1) 如果按开机键电流表指针不动，应重点从以下几方面来进行检查：

① 供电电压是否正常；

② 稳压电源正极到电源 IC 是否有断路现象；

③ 电源 IC 是否虚焊或损坏；

④ 开机电路是否断路。

(2) 如果按开机键时有 20～50 mA 电流，然后回到 0 V，应重点从以下几方面来进行检查：

① 电源 IC 有输出，但漏电或虚焊，致使工作不正常；

② 26 MHz 时钟电路是否有故障；

③ CPU 工作是否正常；

④ 版本、存储器是否工作正常。

(3) 如果按开机键时有 20～50 mA 电流，但停止不动或慢慢下落，应重点从以下几方面来进行检查：

① 软件是否正常；

② CPU 存储器是否虚焊或损坏。若有虚焊或损坏，解决方法一是用热风枪吹焊逻辑电路；二是用正常的带有资料的版本或码片加以更换；三是用软件维修仪进行维修。

(4) 按开机键时有 100～150 mA 电流，但马上掉下来，100 mA 左右电流已达到了手机的开机电流，这种情况若不开机，说明逻辑电路部分功能未能自检过关或逻辑电路出现故障，应重点从以下几方面来进行检查：

① CPU 是否虚焊或损坏；

② 存储器是否虚焊或损坏；

③ 软件是否有故障；

④ 电源 IC 是否虚焊或损坏。

(5) 如果按开机键出现大电流，但马上掉下来，应重点从以下几方面来进行检查：

① 电源 IC 是否短路；

② 功放是否短路；

③ 其他供电元件是否短路。

2. 自动关机故障的维修

自动关机故障是指手机开机后，没有按开关键，手机就自动处于未供电状态的故障现象。这类故障分为不定时自动关机、按键关机、来电关机、开机后就关机、不能维持开机和发射关机等几种类型。

1) 不定时自动关机

不定时自动关机的原因有：

(1) 电池与电池触片之间接触不良。

(2) 电源 IC 输出电压不稳，供电电路存在虚焊或接触不良，造成手机保护。

受潮和摔在地上的手机容易出现这种现象。维修时应首先检查电池触片是否接触良好，若正常，则重点加强电路的焊接。

2) 按键关机

一按键就自动关机的原因主要是按键下面的集成电路或元器件虚焊，在按某键时由于力的作用使虚焊部位脱焊，导致手机关机。维修时只要对按键下部集成电路用热风枪吹焊即可，元器件虚焊可用电烙铁进行补焊。

3）开机后自动关机

开机后关机的原因有：

(1) 手机供电电路有故障，使手机虽然能勉强开机，但是开机后一会儿就关机，一般是电源 IC 或升压电路出现故障。

(2) 供电负载电路存在故障，导致手机耗电大，将供电电压拉低，使手机保护性关机。这可能是功放部分故障引起的。

(3) 当软件不正常时，手机可能出现开机后关机故障。

4）来电关机

来电关机是振铃响造成的，由于许多振铃工作时是由电池电压直接供电的，当振铃电路漏电时，就会导致手机来电关机。

5）发射关机

发射关机的原因有：

(1) 电池电压过低。只要换充满电的电池就可以判断出来。

(2) 电池老化。电池老化后引起电池内阻变大，在发射时电流大，使电池输出电压变低而造成发射关机。

(3) 功率控制电路不正常。功放损坏或功放负载故障，有元器件损坏或有虚焊现象都会使功放输出端空载，手机为保护功放被烧毁而自动关机。

3. 漏电故障的维修

充满电的电池用不了多久即发生低电告警或自动关机，这种故障一般为手机漏电所致。漏电严重的手机还会造成不开机故障。漏电故障的原因一般是供电集成电路不良或某元器件有短路现象。进过水的手机容易发生漏电故障。漏电故障维修难度较大，维修时可采用以下方法进行分析和判断：

(1) 清洗法：用超声波清洗机清洗主板。

(2) 温度法：用手触摸可疑元器件，发热异常的元器件即为故障元件。

(3) 开路法：漏电故障一般发生在手机电池直接供电的电路部分，可依次断开供电查找故障位置。

(4) 经验法：若手机漏电电流很大，即手机加上稳压电源就发生短路或电流上升很快，一般是功放短路造成的，直接更换功放后故障可以排除。

4.7　手机故障维修实例

1. iPhone 6 Plus 不开机故障

故障现象：正常使用时出现了不开机的问题。

故障分析：首先检查电源电路是否有问题，再查应用处理器电路和主时钟电路。

故障维修：用稳压电源给此手机加电，按开机键后发现稳压电源的表头数值为 90～150 mA 左右，用万用表测量应用处理器的供电电压，发现 C0204 上没有 1.8 V 电压，经测量发现 FL0201 电感开路，经短接电感后，手机开机正常。iPhone 6 Plus 不开机故障测量点示意图如图 4－17 所示。

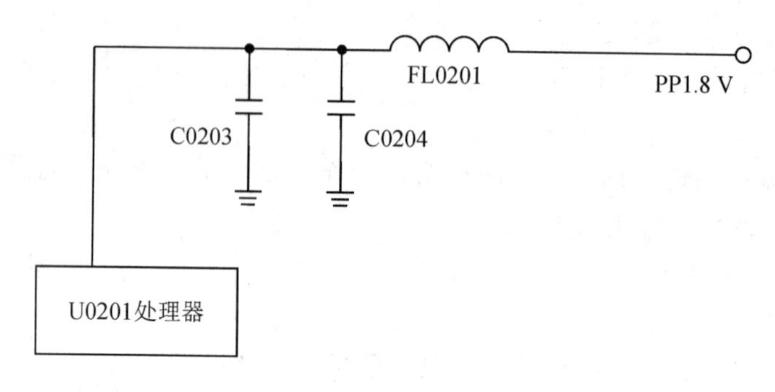

图 4－17　iPhone 6 Plus 不开机故障测量点示意图

2．iPhone 7 不开机故障

故障现象：不小心掉地上后出现开不了机的问题。

故障分析：由于是摔过的手机，因此应该是主板供电存在短路或开路，先重点检查电源供电部分。

故障维修：用稳压电源给此手机加电，按开机键后发现电流表的表头数值为 30～50 mA，可能是电源电路输出有问题，用万用表测量电源的各路输出电压，当测量 PP1.25 V 时，发现该处电压不正常，进一步检查发现 L1804 电感虚焊，重新补焊后，手机开机正常。iPhone 7 不开机故障测量点示意图如图 4－18 所示。

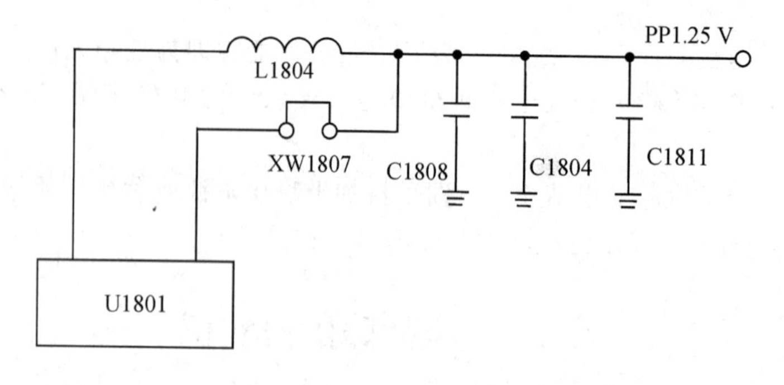

图 4－18　iPhone 7 不开机故障测量点示意图

技能训练 12 手机不识卡故障维修

技能训练 12、13

一、训练目的

(1) 掌握手机不识卡故障的检测方法。

(2) 熟悉示波器和万用表的使用。

二、训练器材

不识卡的故障手机、稳压电源、电源接口线、万用表、示波器。

三、训练步骤

SIM 卡连接如图 4－19 所示。

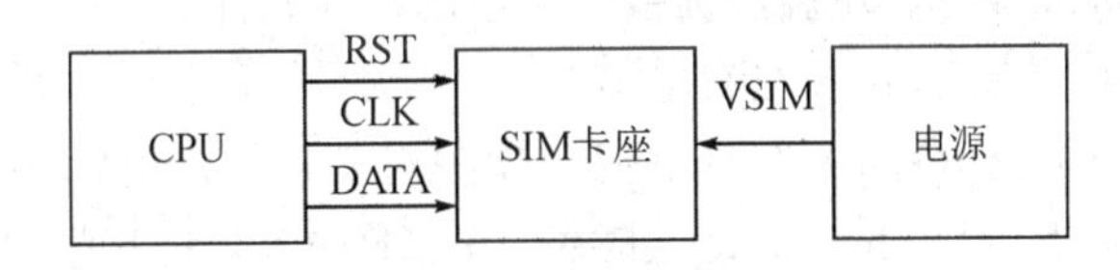

图 4－19 SIM 卡连接图

手机不识卡故障维修步骤：

(1) 取出 SIM 卡，观察 SIM 卡触点及卡座触点是否被氧化或有污垢，如有用无水酒精擦拭干净后试机。

(2) 不加电时用万用表 1 k 电阻挡测试卡座触片对地电阻，除接地脚外其余各脚电阻不能为零或无穷大。如有异常，再用示波器验证开机过程中该脚是否有波形出现。

(3) 排除元件对地短路、电源虚焊、保护电阻开路的情况。

技能训练 13 手机不开机故障维修

一、训练目的

(1) 掌握手机不开机故障的检测方法。

(2) 熟悉示波器和万用表的使用。

二、训练器材

不开机的故障手机、稳压电源、电源接口线、万用表、示波器。

三、训练步骤

用稳压电源给故障手机加电并观察开机电流，根据不同的电流反应大致判断故障点，主要有以下几种情况：

(1) 加电按下开机键，一点电流反应都没有。

故障维修思路：根据无电流现象可知电池电压没有送到电源 IC 或者开机键电路开路，先看电池接口是否接触良好，如果接触良好，再查电源 IC 是否有 3.7 V 电池供电电压，如果没有供电，从电池接口飞线连接即可。

如果供电正常，再查电源 IC 有无开机高电平 3 V 输出，如果没有输出，应更换或加焊电源 IC。如果有高电平输出，但按开机键还是没反应，此时检查开机键与电源 IC 之间的线路是否正常，包括开机二极管、开机按键接口、开机键等元件。

(2) 按下手机开机键有 30 mA 左右电流。

故障维修思路：根据有 30 mA 左右电流的现象可知：一是电源 IC 没有输出各路工作电压，此时要更换电源 IC 试一试；二是主时钟 26 MHz 信号不正常，需要检查 26 MHz 主时钟晶体，更换试机即可；三是主射频 IC 故障，同样更换后试机即可。

(3) 按下开机键，电流值在 50 mA 左右变化。

故障维修思路：重点检查逻辑电路，包括硬件和软件，可采用先软件后硬件的方法处理。

思 考 题

(1) 手机不充电如何维修？

(2) 简述故障检查的一般步骤。

(3) 手机不开机时应检查哪些电路？

(4) 手机掉电的原因有哪些？

(5) 手机维修的方法有哪些？

(6) 不开机的原因有哪些？

(7) 对于漏电故障可采用哪些维修方法？

自我测试题

1. 2G 手机一定不是智能机，3G 手机一定是智能机，正确吗？

2. 智能机 CPU 主频越高，ROM 越大，运行软件就越快，正确吗？购买智能机应考虑哪些参数？

3. 安卓系统的 root 是何意思？

4. 安卓系统只能在手机上运行吗？为什么？

5. 在远程控制方面，智能机可以远程控制电脑，电脑也可以远程控制手机吗？举例说明。

6. 手机越用越慢是怎么回事？

7. 手机开机时间为什么那么长？

8. 手机什么情况下耗电最快？

9. 图 c-1 是手机中的哪个电路？有何作用？

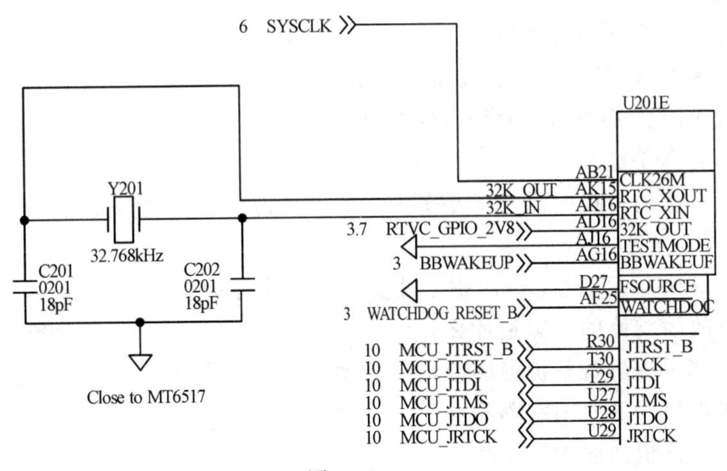

图 c-1

10. 叙述图 c-2 的工作原理。

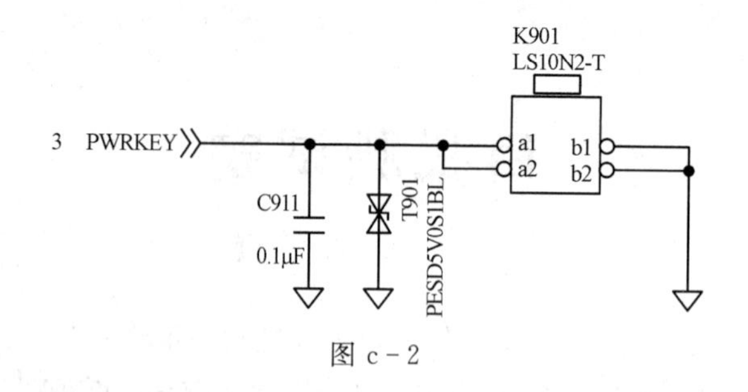

图 c-2

11. 图 c-3 是何种元件？有何特性？

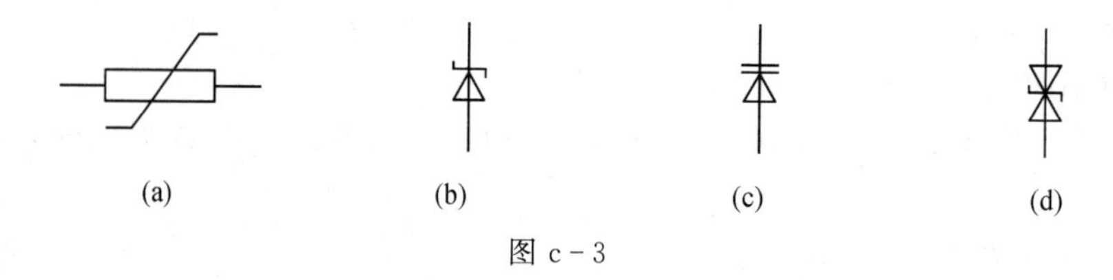

图 c-3

12. 智能手机不能连接电脑的原因是什么？
13. MT6517 双核 CPU 设计方案还需几块芯片才能组成智能手机？
14. 如何判断送话器的好坏？
15. 如何判断受话器的好坏？
16. 如何判断 32.768 kHz 晶振是否工作？
17. 手机主时钟的频率一般是多少？有何作用？
18. 万用表在手机维修中有何作用？
19. 智能手机的待机电流一般是多少？如果一部手机待机电流为 100 mA，说明有何故障？
20. 手机开机后无信号，说出引起此故障的几个原因。
21. 手机故障维修的步骤是什么？
22. 当一部手机出现开机定屏或不断自动重启，应采用哪种维修方法？
23. 手机不显示的原因有哪些？
24. 手机不开机的原因有哪些？
25. 手机不充电的原因有哪些？
26. 手机不识 SIM 卡应如何维修？
27. 自己开手机维修店需要哪些维修工具及仪表？
28. 用热风枪焊接贴片电阻或 SOP IC 的操作步骤是什么？
29. 列举一个自己见过的手机故障现象，分析可能是什么原因。

30. 对进水、受潮的手机使用哪种维修方法？对于摔过时好时坏的手机呢？

31. 频谱分析仪在手机维修中有何作用？

32. 如何区分手机是电阻触摸屏还是电容触摸屏？

33. 说出以下电阻标识所代表的阻值。

225　　2R2

34. 手机自动关机的维修步骤是什么？

35. 手机来电没有铃声的维修步骤是什么？

36. 一部不开机的手机用稳压电源供电，按开机键后没有开机电流指示，手机里哪些元件或电路可能损坏？

37. 一部不开机的手机用稳压电源供电，稳压电源具有短路保护功能，电压表立刻从4 V电压变为零，手机里哪些元件或电路可能损坏？

自我测试题答案

1. 智能手机和3G手机没有必然联系，有智能的3G手机，也有非智能的，3G手机不过是支持3G网络而已，并不需要智能操作系统。

2. 正确，购买智能机应考虑以下参数：操作系统、CPU主频、运行内存RAM、内部存储ROM、摄像头像素、LCD尺寸等。

3. 安卓系统的root就像是个超级管理员，它拥有整个系统中无上的权利，几乎可以管理系统中的所有文件。拥有了这个权限我们就可以刷其他第三方或改版的系统，修改系统文件、个性化手机、卸载购买手机时自带的第三方软件。为了手机的安全性和稳定性，防止用户误操作导致系统崩溃，多数手机系统默认是没有开启root权限的，这就需要我们来获取root权限。

4. 安卓系统并非只能在手机上运行，因为Android是一种以Linux为基础的开放源代码操作系统，主要使用于便携设备，并已逐渐扩展到平板电脑及其他领域。安卓系统也可在台式电脑Windows系统上运行。

5. 在远程控制方面，智能机可以远程控制电脑，电脑也可以远程控制手机，可以提供远程技术支持的软件包括向日葵远程控制、Webkey、RemoteCall + mobile pack等。

6. 手机越用越慢的原因是大部分软件如果开启后不正常关闭，会在后台运行，占用内存。通过开关机或者使用管理软件将驻留内存的程序清除，可以让运行速度变得快些。

7. 手机开机时间长的原因是：智能手机由于是多任务同时处理，因此在启动的时候与电脑一样会将这些任务都运行起来(即系统初始化，加载系统程序，和电脑一样)。并且在这段时间内，会对Flash的文件系统作保护，以防止突然断电时对系统中数据的损坏。与普通的手机相比，智能手机加载需要一定的时间，一般在35 s左右。

8. 手机在播放音频及视频文件，玩3D游戏，屏常亮且用外放喇叭时耗电最快。长时间在信号差的地方待机耗电也很快。

9. 图c-1是手机的实时时钟电路，用于产生32.768 kHz时钟信号，保证手机计时功能。

10. 图c-2是手机的开关机键电路。K901是手机的开关机键，a1和a2脚接开机线，未按开机键时呈高电平，当按开机键后变为零，触发手机电源工作。b1和b2接地，这是低电平开机触发方式。

11. 图c-3(a)是压敏电阻。当压敏电阻器两端所加电压低于标称额定电压值时，压敏电阻器的电阻值接近无穷大，内部几乎无电流流过。当压敏电阻器两端电压略高于标称额定电压时，压敏电阻器将迅速击穿导通，并由高阻状态变为低阻状态，工作电流也急剧增大。当其两端电压低于标称额定电压时，压敏电阻器又恢复为高阻状态。当压敏电阻器两端电压超过其最高限制电压时，压敏电阻器将完全击穿损坏，无法再自行恢复。

图 c-3(b)是稳压二极管，起稳压作用。

图 c-3(c)是变容二极管，工作在反偏状态，偏压增大时结电容变小，反之结电容增大。

图 c-3(d)是双向二极管，正反两个方向电压高到一定阈值时就导通，低了就快速关断。

12. 智能手机不能连接电脑的详细原因如下：

(1) 数据线有问题。

(2) 手机的接口有问题。

(3) 电脑的 USB 接口有问题。

(4) 手机的设置有问题。

13. MT6517 双核 CPU 设计方案还需以下几个模块才能组成智能手机：MT6329 电源管理、MT6620 无线连接、MT6162 射频收发、字库、功率放大器。

14. 判断送话器的好坏：将数字万用表量程设置在 R×20 kΩ 电阻挡，红表笔接送话器的正极，黑表笔接送话器的负极，如用指针式万用表则相反。用嘴吹送话器，观察万用表的指示，应可以看到万用表的电阻值读数发生变化或指针摆动。若无指示，说明送话器已损坏；若有指示，说明送话器是好的。表针指示范围越大，说明送话器灵敏度越高。

15. 判断受话器的好坏：万用表量程设置成 R×1 Ω 或 R×10 Ω 电阻挡，表笔断续点触受话器的两触点，受话器应发出“喀喀”声，阻值显示为 8 Ω 或 30 Ω，表明受话器正常。

16. 判断 32.768 kHz 晶振：用示波器探头在晶振的引脚上如能测试出正弦波，说明已经工作，用频率计测试如能显示 32.768 kHz 的频率，说明工作频率没有频偏。

17. 手机主时钟的频率一般是 13 MHz 或 26 MHz。作用：送给 CPU 作运行时钟(管开机)，送本振电路作频率参考(管信号)。

18. 万用表在手机维修中可测电压、测电阻、测线路的通断。

19. 智能手机的待机电流一般小于 7 mA。如果一部手机的待机电流是 100 mA，说明手机漏电。

20. 手机开机后无信号，引起此故障的原因为：发射功放损坏、接收或发射滤波器损坏、接收或发射中频损坏、天线损坏。

21. 手机故障维修的步骤是问、试、拆、看、修、重试。

22. 当一部手机出现开机定屏或不断自动重启，应采用软件维修法。

23. 手机不显示的原因有显示屏故障、驱动电路故障。

24. 手机不开机的原因有电池电压低、电池触片有问题、开机键有问题、主板有问题。

25. 手机不充电的原因有电池故障、充电器故障、电池触片受损、系统连接器不正常。

26. 手机不识SIM卡时的维修步骤：取出SIM卡，观察SIM卡触点是否被氧化或有污垢，如有氧化或污迹用无水酒精擦拭干净后试机；不加电时用万用表1 k电阻挡测试卡座触片对地电阻，除接地脚外各脚电阻不能为零或无穷大；排除元件对地短路、保护电阻开路的情况。

27. 自己开手机维修店需要以下维修工具及仪表：电烙铁、热风枪、植锡球工具、维修平台、超声波清洗器、带灯放大镜、清洗剂、锡浆、刮刀、镊子、稳压电源、万用表、示波器、频谱分析仪。

28. 用热风枪焊接贴片电阻或SOP IC的操作步骤：先用电烙铁将焊接点整理平整，将热风枪温度设为310℃～320℃，风速设为2～3挡，用镊子把贴片电阻或SOP IC对准焊点位置，如是SOP IC要用电烙铁将集成电路的对角线引脚先焊好固定，然后用热风枪在元件上方来回均匀移动，焊好后应注意冷却，不可立即去碰元件，以免发生移位。冷却后，用带灯放大镜检查引脚有无虚焊，若有，应用电烙铁进行补焊，直到焊点全部合格为止。

29. 一个自己见过的手机故障现象如：手机摔过后不能识别SIM卡，分析可能是卡的引脚接触不良引起的，把SIM卡取出后再插上即可。

30. 对进水、受潮的手机使用清洗法维修，对于摔过时好时坏的手机可采用重焊法。

31. 频谱分析仪在手机维修中可测量电压、频率和频率响应、谐波失真等。

32. 区分手机是电阻触摸屏还是电容触摸屏的方法是：电阻屏需要手指压触才有反应，电容屏只要指头轻轻点上去就有反应。

33. 所代表的电阻的阻值分别是22×10^{5} Ω、2.2 Ω。

34. 手机自动关机的维修步骤是：检测电池电压是否正常，检测电池触片是否正常。

35. 手机来电没有铃声的维修步骤是：检查铃声音量调节是否正常，喇叭是否正常。

36. 一部不开机的手机用稳压电源供电，按开机键后没有开机电流指示，可能是开机线上R308开路，开机线断线；K901开机键损坏，MT329损坏(以中兴U817手机为例)。

37. 一部不开机的手机用稳压电源供电，稳压电源具有短路保护功能，电压表立刻从4 V电压变为零，原因可能是电源管理芯片内部短路或功放RF9810对地短路(以中兴U817手机为例)。

附　　录

附录 A　如何选购智能手机

智能手机不仅可以作为通讯工具，还可以通过支付宝、微信 APP 充当电子钱包。随着智能手机功能越来越多，它已成为人们日常生活中不可缺少的一部分。正因为如此，选择一部合适的智能手机才显得尤其重要。

1. 智能手机的基本参数

(1) 手机型号、电池类型。

(2) 网络参数：支持运营商、网络类型、手机版本、是否合约机、支持频段。

(3) 屏幕参数：主屏分辨率、主屏尺寸、触控类型、主屏材质、主屏像素密度。

(4) 硬件参数：机身存储大小、操作系统、核心数(几核)、CPU 频率、运行内存 RAM 大小、存储卡支持类型及大小、SIM 卡规格、电池类型及是否可拆卸。

(5) 相机参数：后置摄像头、前置摄像头、传感器类型、闪光灯。

(6) 外观参数：机身颜色、手机尺寸、手机重量、机身材质。

(7) 传输功能：是否内置 GPS 导航模块，是否支持 Wi-Fi、蓝牙、NFC(近距离无线通信)、OTG，数据线接口类型，耳机接口类型。

(8) 影音参数：支持的音频格式、音效模式、视频格式。

(9) 感应器：重力感应、光线传感器、距离感应、陀螺仪、电子罗盘。

2. 购买智能手机考虑的因素

(1) 屏幕尺寸的选择：如果想单手操作，最好选择屏幕尺寸在 5 英寸及以下的；如果喜欢玩游戏和看视频，选屏幕在 5 英寸及以上的大型平板手机。

(2) 操作系统的选择：如果喜欢使用起来方便，能最先下载到热门应用程序，能及时获得系统升级的智能手机，选择 iOS 系统；如果想要更多的选择以及可定制的用户体验，选择 Android 系统。

(3) 像素的选择：拍照是智能手机最重要的功能之一，如果希望能用手机拍出漂亮的照片，记得看看单个像素尺寸和光圈，而不要只关注百万像素。

(4) 处理器的选择：如果喜欢玩游戏和处理复杂任务，可以选搭载了骁龙 820 处理器和 4 GB 内存的 Android 智能手机。当然，搭载 A11 处理器的 iPhone 8 Plus 也是不错的选择。

(5) 电池容量的选择：考虑续航时间长的电池，通常电池容量在3000 mA·h以下的不值得考虑。

(6) 存储容量的选择：如果打算将多数照片和文件存储在云端，那么买内置存储16 GB的智能手机就够用；但如果需要下载大量游戏和录制4K视频，买内置存储在32 GB及以上的产品。

附录B　安卓手机测试指令

搭载安卓操作系统的智能手机有一组测试指令(而这些并不是所有使用者都熟知的)，通过这些指令可以查询到手机硬件的一些相关信息，在购买正品手机时可以通过这些了解手机的基本信息，防止被骗。

Android 手机的一些主要工程测试指令如表 B-1 所示。

表　B-1

指令	说　明
##7780#*#*	重设为原厂设定，不会删除预设程序及 SD 卡档案
*2767*3855#	重设为原厂设定，会删除 SD 卡所有档案
##34971539#*#*	显示相机固件版本，或更新相机固件
##4636#*#*	显示手机信息、电池信息、电池记录、使用统计数据、Wi-Fi 信息
##7594#*#*	当长按关机按钮时，会出现一个切换手机模式的窗口，包括静音模式、飞航模式及关机，可以用以上代码变成直接关机按钮
##273283*255*663282*#*#*	开启一个能备份媒体文件的地方，如相片、声音及影片等
##197328640#*#*	启动服务模式，可以测试手机部分设置及更改设定 WLAN、GPS 及蓝牙测试的代码
##232339#*#*或*#*#526#*#* 或*#*#528#*#*	WLAN 测试
##232338#*#*	显示 Wi-Fi MAC 地址
##1472365#*#*	GPS 测试
##1575#*#*	其他 GPS 测试
##232331#*#*	蓝牙测试
##232337#*#	显示蓝牙装置地址
##8255#*#*	启动 GTalk 服务监视器显示手机软件版本的代码
##4986*2650468#*#*	PDA、Phone、H/W、RFCallDate

续表

指　令	说　明
##1234#*#*	PDA及Phone
##1111#*#*	FTA SW版本
##2222#*#*	FTA HW版本
##44336#*#*	PDA、Phone、CSC、Build Time、Changelist number各项硬件测试
##0283#*#*	Packet Loopback
##0*#*#*	LCD测试
##0673#*#*或*#*#0289#*#*	Melody测试
##0842#*#*	装置测试，如振动、亮度
##2663#*#*	触控屏幕版本
##2664#*#*	触控屏幕测试
##0588#*#*	接近感应器测试
##3264#*#*	内存版本

附录 C　MT6517 整机原理框图

1. 数字模块方框图

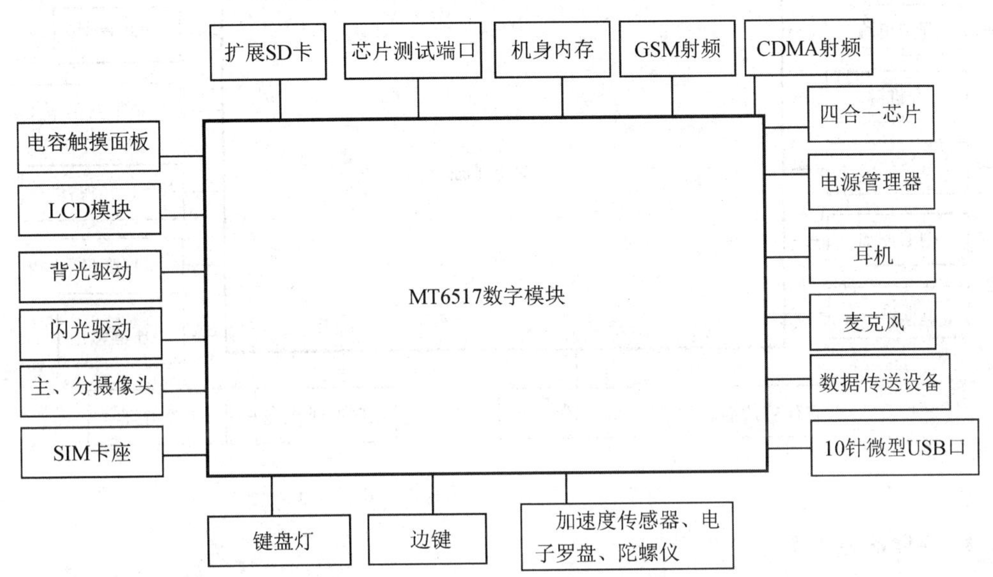

2. 基带模块方框图

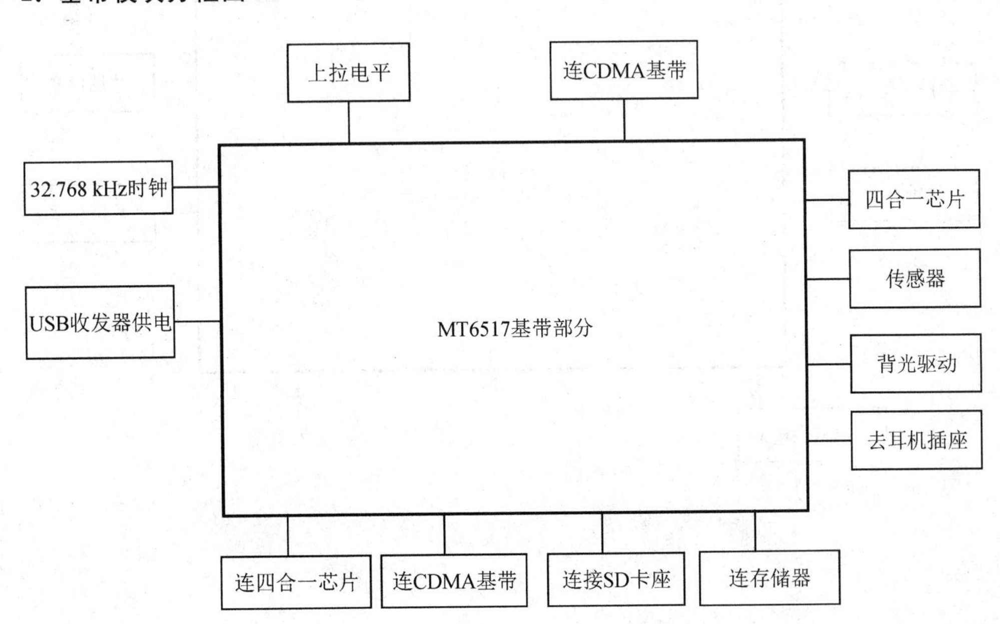

3. 电源管理器方框图

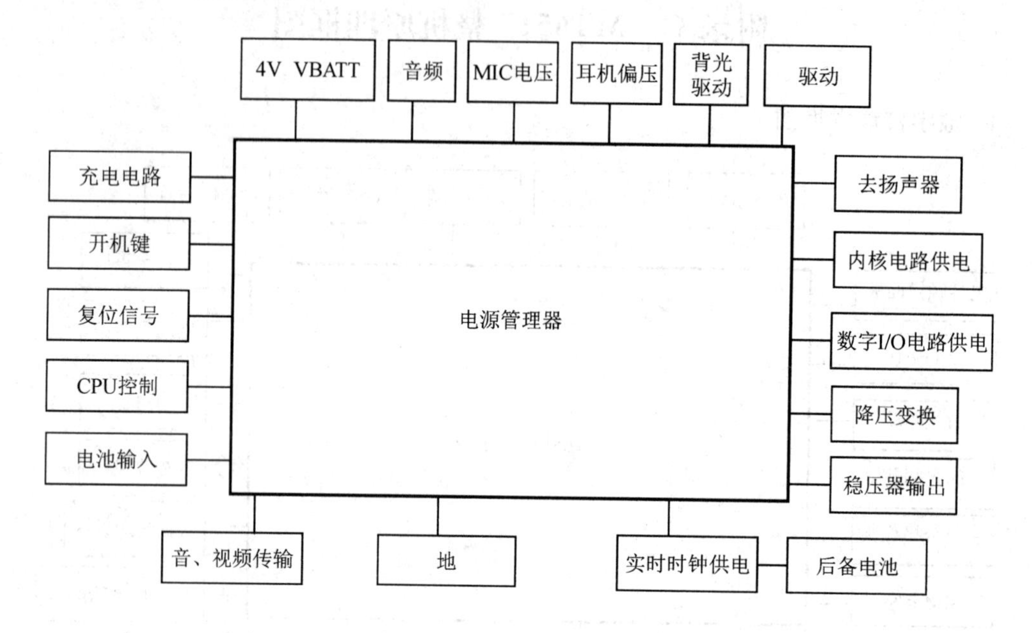

4. 存储器方框图

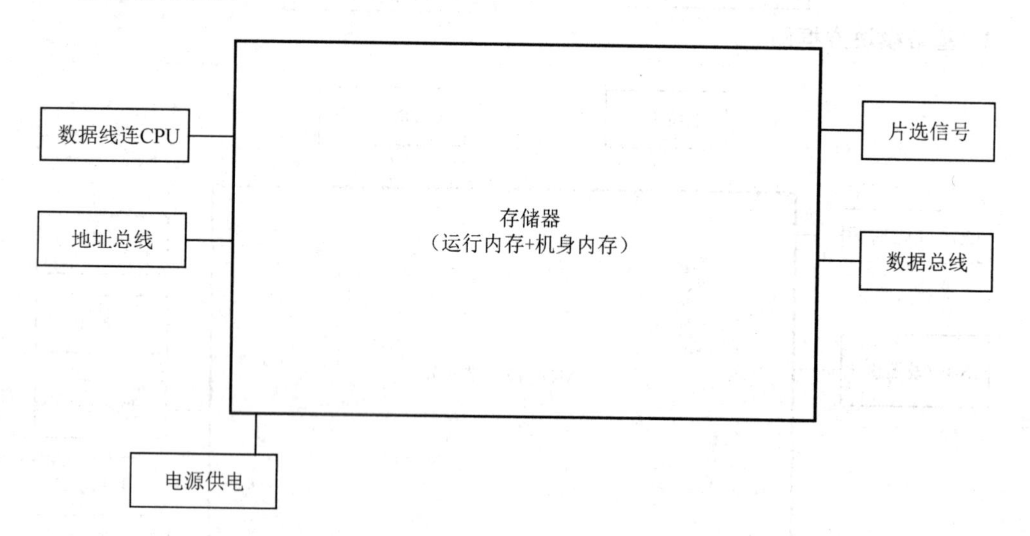

5. GSM 功放及中频方框图

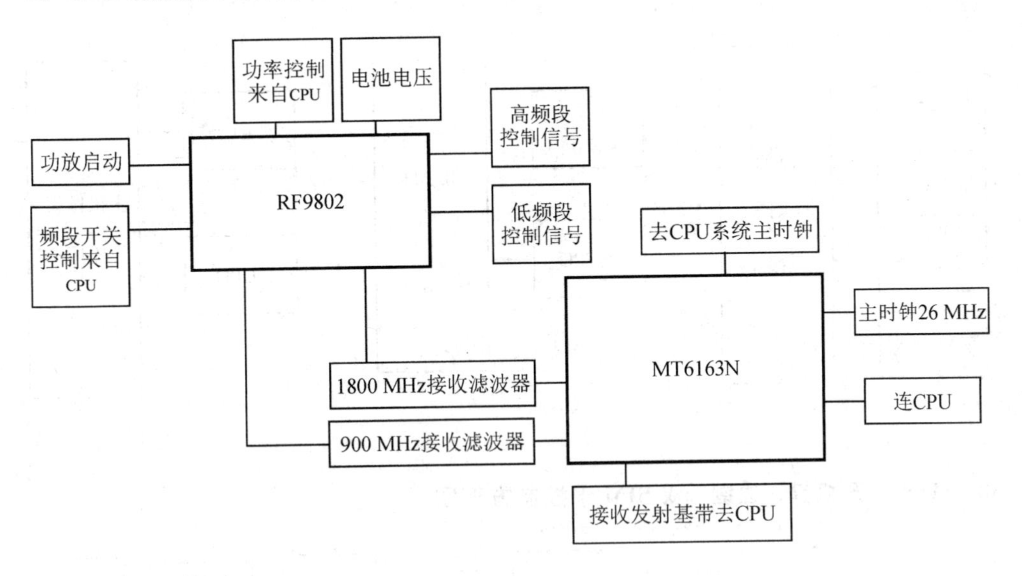

6. MT6628 四合一电路方框图

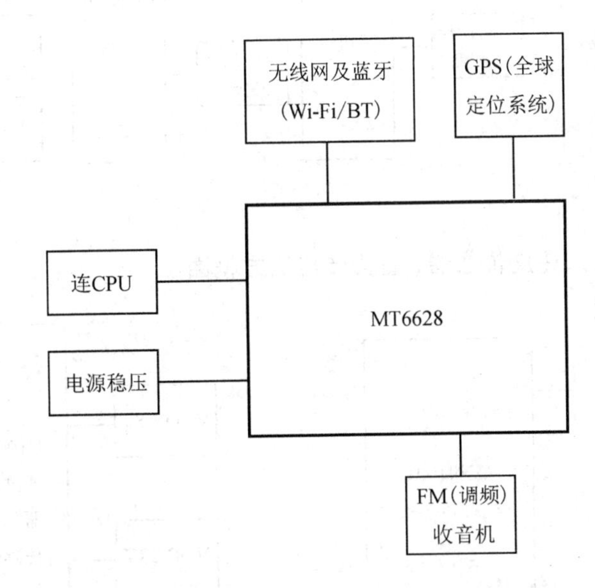

7. LCD、CTP、Camera 方框图

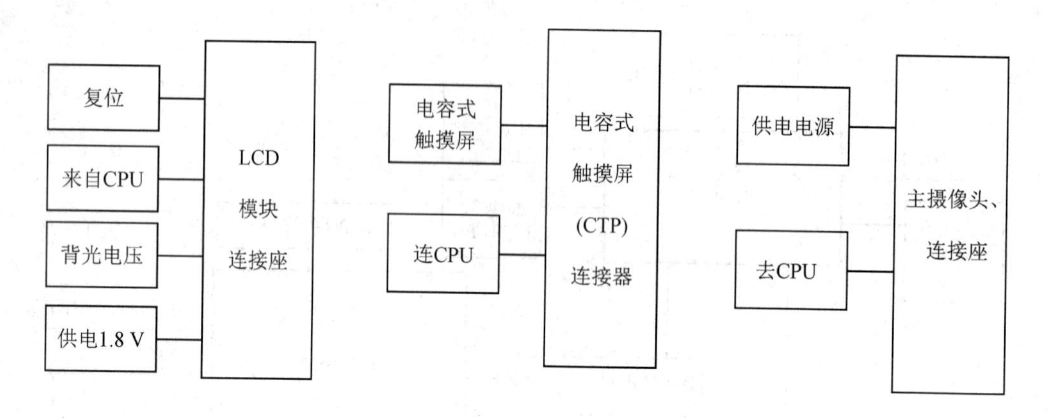

8. SD 卡、开机键、边键、双 SIM 卡控制方框图

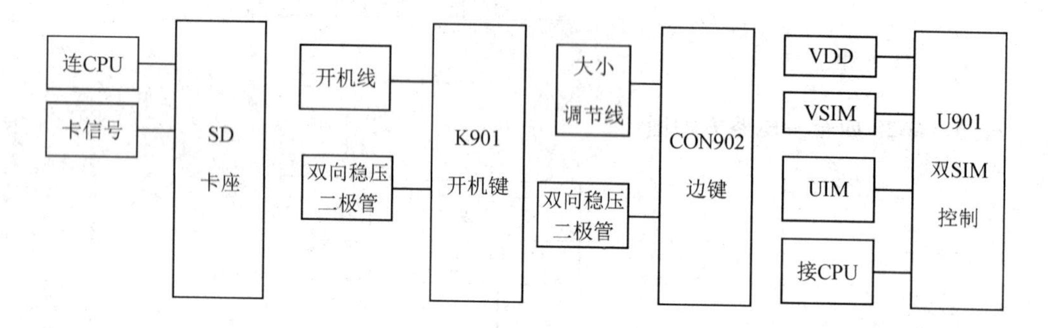

9. 光纤传感器、加速度传感器、重力传感器方框图

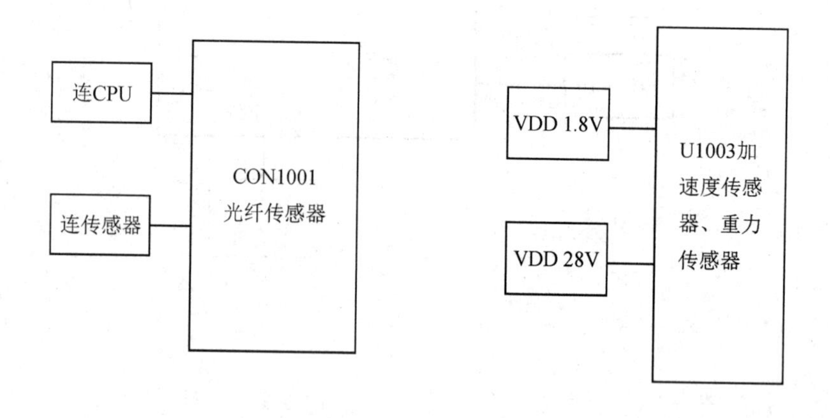